李毓佩数学童话总动员

爱数王子与鬼算国王系列

勇闯死亡谷

李毓佩◎著

21 二十一世纪出版社集团
21st Century Publishing Group
全国百佳出版社

图书在版编目（CIP）数据

勇闯死亡谷 / 李毓佩著. —— 南昌：二十一世纪出版社集团, 2017.10
（爱数王子与鬼算国王系列）
ISBN 978-7-5568-2613-1

Ⅰ.①勇… Ⅱ.①李… Ⅲ.①数学－少儿读物 Ⅳ.①O1-49

中国版本图书馆CIP数据核字(2017)第067098号

爱数王子与鬼算国王·勇闯死亡谷　　李毓佩 / 著

责任编辑	邹　源
内文插画	贝　丽
装帧设计	胡小梅
出版发行	二十一世纪出版社集团（江西省南昌市子安路 75 号　330009） www.21cccc.com　cc21@163.net
出 版 人	张秋林
经　　销	全国各地书店
印　　刷	北京尚唐印刷包装有限公司
版　　次	2017 年 10 月第 1 版　2017 年 10 月第 1 次印刷
开　　本	889mm×1230mm　1/32
印　　张	4.5
印　　数	1～15000 册
字　　数	60 千字
书　　号	ISBN 978-7-5568-2613-1
定　　价	20.00 元

赣版权登字－04－2017－478

见面的话

听，发布总动员令了！数学故事中的主角闪亮登场了：首先出场的是爱数王子和数学小子，紧跟其后的是小派、小眼镜和奇奇，还有叼着大烟斗的爱克斯探长、零国王和1司令、数学猴……嗬，多了去了！

这些主角都是有故事的人。这些故事或是童话故事，或是侦探故事，或是探险故事，或是斗智故事，总之，都是你爱看的故事。

这些主角都是有本事的。他们在故事中灵活运用数学知识，与坏蛋、骗子、妖魔鬼怪进行斗争，克服一个又一个困难，识破一个又一个阴谋诡计，战胜一个又一个强敌。他们都是好样的！

这些主角都是来和你交朋友的。如果你现在不喜欢数学，他们会通过各种故事，让你觉得数学非常有趣，从而让你喜欢上数学；如果你现在已经是一个数学迷了，他们会在故事中引导你如何更好地掌握数学思想、数学方法，让你数学学得更好。

这些主角都是非常幽默、非常好玩的，他们会在故事中使出十八般武艺，耍尽活宝，让你笑得前仰后合。

不多说了，数学故事的主角开始登场了，好戏在后面。

李毓佩

2012年于北京

奇兵一号

杜鲁克：人称"数学小子"。他误入爱数王国，成为了爱数王国的参谋长。他特别聪明，擅长数学，屡次帮助爱数王子化解鬼算国王的阴谋。

奇兵二号

爱数王子：爱数国王的王子，数学水平在多次实战中不断提高。他武艺和战术超群，多次与杜鲁克一起，率领部下抵御了外敌的进攻。

诡兵一号

鬼算国王： 鬼算王国的国王，精通数学，善用计谋，心狠手辣。

诡兵二号

鬼算王子： 鬼算王国的王子，武艺不错，但数学水平很有限。追随自己的父亲，与爱数王子、杜鲁克展开一场场智慧与武力的较量。

要想逃出困境，必先解决数学难题。
欢迎你成为数学奇兵的一员！

"李毓佩数学童话总动员"里，处处活跃着数学奇兵们的身影。他们在探险中，遇到的所有困境都可以用数学方法来解决。难题的解决，需要你的帮助与参与。

但是，重要的解题步骤和答案都被加密了，请你把解密卡放到灰色区域缓缓转动，直至文字显现。

如果你没有借助解密卡就做出了正确解答，请给自己加上5分！（你真棒，是名副其实的数学奇兵！）

借助解密卡看到重要步骤的提示，做出正确解答的，可以得3分！（你很有潜力，请继续加油！）

如果你没有做对，请给自己记上0分。（不要气馁，你的进步空间还很大！）

记 住：每答对一题，就给自己记上分数，并将最终得分填在书末的积分卡上，看看自己能成为几级奇兵。

数学探险之旅现在开始！

目 录

无处不在的斐波那契数列·137

杜鲁克被绑架

这天晚上，爱数王国的王宫里明灯高悬，亮如白昼。大厅的圆桌上摆满了鸡鸭鱼肉。人来人往，好不热闹。要问这是在庆祝什么吗？原来杜鲁克的假期已结束，明天一早就要回学校继续念书了。爱数王子为了感谢杜鲁克在和鬼算王国的斗争中所做出的重大贡献，特设宴席欢送杜鲁克。七八首相、五八司令官、胖团长、铁塔营长——爱数王国的重要官员们全都到齐。大家纷纷举杯，祝福杜鲁克学习进步、身体健康。

杜鲁克谢过大家："从今以后我不再是参谋长了，只是一名普通的小学生。小学生不能喝酒，我就以茶代酒，感谢大家的热情欢送！"宴会一直到深夜才结束。杜鲁克有点累了，回到自己的卧室，倒头便睡。

也不知睡了多久，杜鲁克迷糊中听到门外有动静。他翻身坐起，问了一声："谁？"伸手就要开灯。突然房门大开，从门外"噌噌"跳进两个黑影，其中一个黑影掏出一个大口袋，一下子套在了杜鲁克头上，两个黑影架着杜鲁克飞快出了房门。他们把杜鲁克绑在了一匹马上，两个黑影也各自骑上马，飞也似地跑走了。

第二天一早，爱数王国的王宫热闹啦：

"不好了，参谋长不见了！"

"不得了了，杜鲁克不见了！"

"大事不好了！数学小子丢了！"

王宫里乱了套，大家看着爱数王子说："王子，这可怎么办？"

此时爱数王子却分外冷静。

他下达命令："铁塔营长，你带人把王宫周围仔细搜查一遍！"

铁塔营长马上立正，行了个军礼："是！"转身跑出去了。

爱数王子又命令："胖团长，你带人仔细搜查一下杜鲁克参谋长的卧室，看看能不能发现什么蛛丝马迹？"

爱数王子突然又想到："让白色雄鹰和黑色雄鹰从高空侦查，看看能不能发现杜鲁克的踪迹？"

安排好一切后，爱数王子在王宫里来回踱步，等待消息。

铁塔营长第一个跑了回来："报告爱数王子，我把王宫里外翻了个遍，什么也没有发现。"

接着胖团长跑了进来，擦了把头上的汗："报告，卧室里除了参谋长的脚印，还有两个陌生人的脚印，门外还有些杂乱的马蹄印。"

爱数王子忙问："马向什么方向跑了？"

胖团长回答："向正南方向跑了。"

爱数王子又问："有几匹马？"

"看不太清楚，好像有三匹马。"

"嘀——"空中一声鹰啼，白色雄鹰和黑色雄鹰飞回来了。它们向爱数王子摇摇头，表示没有发现什么。

爱数王子听了大家的汇报着急了，目前只知道是两个人和三匹马带着杜鲁克向正南方向走了。到底是什么人把杜鲁克劫持走了？杜鲁克明天就要回去上学了，他们劫持杜鲁克要做什么？

当然，最有可能是鬼算王国干的，可是有什么证据呢？

大家挠头的挠头，搓手的搓手，都毫无对策。

七八首相站了起来，对胖团长说："带我去看看马蹄印。"

来到现场，七八首相掏出皮尺，把马蹄印之间的距离量了又量，在本子上记了又记，算了又算，随后点点头："这三匹马中，有一匹是喵四郎送给鬼算国王的'赤兔马'，另一匹是鬼算王子的'白龙马'，因为只有这两匹宝马迈的步子才能这么宽！"

五八司令官听罢，倒吸一口凉气："这么说，杜鲁克是被鬼算国王劫持走了？鬼算国王恨死参谋长了。参谋长这一去，恐怕凶多吉少啊！"

胖团长站起来："那黑白雄鹰为什么没有发现马的踪影呢？"

七八首相解释说："这两匹宝马跑起来其快如飞，这

么长时间早就跑得没影了，哪还能看得见呀？"

　　爱数王子眉头紧锁："黑白雄鹰，你们照正南方向直飞，一路上要仔细观察有没有马蹄印！"

　　两只雄鹰"嘀——"的叫了一声，腾空而起，向正南方急速飞去。

方向死亡谷

正当大家焦急等待的时候，只听外面"嘀——嘀——"连叫两声，黑白雄鹰相继飞了回来。黑色雄鹰朝爱数王子叫了几声。

爱数王子"啪"的猛拍一下桌子："坏了！他们去了死亡谷！"

大家一听"死亡谷"三个字，"呼"的一声全站了起来。

七八首相连声叹气："你说说，去哪儿不好，偏偏去了死亡谷！这一去就别想回来了！"

胖团长对死亡谷的了解不多，忙问："首相，这死亡谷有那么可怕吗？"

七八首相说："那是鬼算国王经营多年的一块死亡之地呀，专门用来关押那些反对他的人。那里有毒蛇猛兽、食人树、食人花；有剧毒的瘴气和雾霾；还有鬼算国王特别安装的暗道机关，暗箭、暗弩；鬼怪僵尸无所不有，风火雷电样样俱全。一句话，就是一个死亡俱乐部！死亡谷只有一条通道儿，不熟悉的人，进了死亡谷就别想活着出来！"说到这儿，首相一口气没上来，晕死过去了。

大家一看七八首相没气了，立刻进行抢救，拍后背，掐人中，忙活了好一阵子，首相这口气才缓了上来。

铁塔营长问："鬼算国王为什么要把杜鲁克带到死亡谷去呢？"

七八首相一边喘着粗气，一边说："鬼算国王无所不用其极，杜鲁克要是进了死亡谷，这辈子就别想再走出来！咳、咳、咳！"

大家你看看我，我看看你，谁也没了主意，屋里一片寂静。

突然，爱数王子站了出来，向大家宣布："我要去死亡谷和杜鲁克并肩作战！杜鲁克为了咱们爱数王国出了多少力，我们不能在他危险的时候，置他于不顾。我要去和他并肩作战，同生死，共患难！"说完，他佩戴好宝剑，纵身一跃，跳上了黑色雄鹰的后背。

这时，铁塔营长匆匆跑了过来，把一副崭新的双节棍递给了爱数王子："杜鲁克被劫持走时，手里没有任何武器，把这副双节棍给他带上！"

爱数王子接过双节棍，喊了一声："走！"黑色雄鹰拔地而起，飞向天空。白色雄鹰随之而起，跟随黑色雄鹰飞走了。

事情发生得有些突然，满朝的文武大臣不知如何是好，个个目瞪口呆。

过了一会儿，七八首相喊道："胖团长！"

"在！"胖团长向前迈了一大步，向首相行了个军礼。

七八首相命令："你带领你团的全体士兵，火速赶往死亡谷。在谷的入口处驻扎，准备接应爱数王子和杜鲁克！"

"是！"胖团长快步跑了出去。

五八司令官问："七八首相，难道进了死亡谷就必死无疑？就没有什么破解的方法嘛！"

"也不是。"七八首相颤颤巍巍地站了起来："每到达一个危险点，必然会出现一道数学问题。如果能正确解答出这道数学题，就可以平安离开，继续前进。"

"好啊！"听到七八首相这番话，全场欢声雷动："有救啦！杜鲁克数学那么好，还怕解不出死亡谷的数学题！"

七八首相摇摇头："解出一道、两道不难，但整个死亡谷里有很多道数学题。倘若有一道题没解答正确，参谋长不就完了吗？"

听完此话，大家又把头低下了。

再说爱数王子和两只雄鹰。

飞到一座大山跟前，雄鹰缓缓降落下来。爱数王子抬头一看，前面是崇山峻岭，地势十分险恶。迎面一块巨石，上面写着"死亡谷"三个血红的大字，十分刺眼。

爱数王子抬腿往里走，突然一块石头横在面前，挡住了去路。石头上刻着一副方格图和一段说明文字：

按照图中数字排列的规律，将正确的数字填在空格中，你便可进入死亡谷。死亡正在前面等着你！

爱数王子仔细观察图中的数字：第一列是1、2、3、4，非常有规律。可是其他列的数字就杂乱无章了。

爱数王子观察了半天，心里又惦记着身陷谷中的杜鲁克，非常着急，越着急，就越找不出规律。实在没办法了，爱数王子想，我随便填两个数字吧，没准儿碰巧能蒙对呢。

爱数王子在两个空格中，一个填上6，一个填上11。

　　刚刚填完，就听到巨石后面一声大吼，震得树木枝条乱晃。随后从巨石后面走出一只身高足有2米的大黑猩猩，双手举着一块牌子，牌子上面写着"你连这么简单的数学题都做不对，还想进死亡谷？你不够资格，还是到别处去寻死吧！"

　　爱数王子大惊："怎么！数学不好，连死在这里的权利都没有？太可恶啦！我就不信我做不对。"

　　爱数王子静下心来，仔细研究图中数字排列的规律。他心想：竖着看，看不出规律。那我再横着看看，第一行的数字是1、5、6、30。它们有这样的关系：$5 \times 6 = 30$，也就是第二个和第三个数字的乘积，正好

等于第四个数字。第二行的数字是2、3、8、12。可是
$3 \times 8 = 24$，这里第二个数字和第三个数字的乘积，不等
于第四个数字了，而等于第四个数字的二倍。

爱数王子想了想，这也好办，$3 \times 8 \div 2 = 12$，用第一
个数字2去除，结果就等于第四个数字了。看看第一行
符合不符合这个规律？$5 \times 6 \div 1 = 30$，嘿！也对！

图中数字的规律是：

$$1 \times 30 = 5 \times 6,$$
$$2 \times 12 = 3 \times 8。$$

可以按照这个规律，反过来求这两个数：

爱数王子刚把数字填好，黑猩猩立刻把手中的牌子转了180°，牌子的后面写着：你填对了，可以进死亡谷了。如果你想死得快一点，可以让我把你一撕两半，立刻玩完！

"回头我把你一剑劈成两半，让你玩完，哼！"爱数王子说完，顺着这唯一的通道往里走去。

一杯毒水

再说说被劫持的杜鲁克。

杜鲁克被蒙住眼睛，绑在一匹高头大马上，只听旁边两个人扬鞭策马，嗒、嗒、嗒向正南飞速奔去。

跑了足有一个小时，马慢慢停下来了。杜鲁克听见一阵"咳、咳、咳"非常难听的干笑声，似乎有些熟悉，但一时又想不起在哪儿听过这个声音。

杜鲁克突然想起来了，这不正是鬼算国王的笑声吗？没错，就是他！想到这儿，杜鲁克心中一紧："坏了，我遇到麻烦了。我曾协助爱数王国几次战胜了鬼算国王，他一定把我看成眼中钉、肉中刺，肯定不会轻易放过我。看来一场新的较量要开始了！

蒙眼睛的黑布被摘了下来。杜鲁克揉了揉眼睛，看清了眼前的一切：鬼算国王坐在龙椅上，脸上带着不怀好意的笑容。鬼算王子、鬼司令站在他身旁。几员大将：不怕鬼、鬼不怕、鬼都怕、鬼机灵，分列两旁。

鬼算国王皮笑肉不笑地说："咳咳，老朋友，咱们又见面了。"

杜鲁克没好气地问："你们把我绑架到这儿，到底想干什么？"

"绑架？绑架这词儿多难听呀！"鬼算国王走下龙椅，"你，杜鲁克，爱数王国堂堂的参谋长，我怎么敢绑架呀？我是看你来到这里已有多日，可是很少有机会到我们鬼算王国参观游览。我们鬼算王国山川秀丽，不游览一次，岂不终生遗憾。"

鬼机灵点点头："就是，就是。杜鲁克你若想参观，我可以给你当向导。"

鬼司令也插嘴说："特别是死亡谷，一生当中不可不去啊！"

"对、对。"鬼算国王兴奋了，"鬼司令提到的死亡谷，是我重点打造的4A级景区，原名叫'生死谷'。后来我想，只要进了这个山谷，怎么会有活着走出去的可能呢？名不副实。于是改名为'死亡谷'，嘿嘿。不过死亡谷里确实刺激，你每往前走一步，都要经历一次生死的考验。如果在某一个环节上过不去，你的小命就玩完了！咳咳。"

鬼算国王停顿了一下，大喊："鬼机灵！快送杜鲁克去死亡谷！"

"是！"鬼机灵答应一声，推着杜鲁克走了出去。

走了一段路，杜鲁克口渴，提出要喝水。鬼机灵痛快地答应了，随后带杜鲁克来到一间小亭子里，桌子上摆着11个一模一样的杯子，还有一个小盒子。

鬼机灵说："这11个杯子里，有9个杯子里装的是白开水，可以放心地喝。1个杯子装的是放了毒药的水，喝上一点点就会中毒身亡。还有一个是空杯子。小盒子里是4张试纸，可以测出水里有没有毒。你现在可以喝水去了！"

杜鲁克心里明白，这是他面临的第一次生死考验，他相信自己有能力解决这个问题，躲过死亡的威胁。他默默地在心里设计一个找出装有毒水杯子的方案。

杜鲁克走到桌子前，把装有水的10个杯子随意分成数量相等的两组，每组都有5个杯子。接着把其中一组5个杯子的水都往空杯子里倒上一点点。然后从小盒子拿出一张试纸，放在这个杯子里测试，结果没变颜色。按照这个方法，杜鲁克把这组的5杯水咕咚咕咚全都喝下去了。

杜鲁克一抹嘴唇，说了一句："痛快！"

鬼机灵一愣，心想：这杜鲁克胆子可真够大的！

鬼机灵问："喝够了没有？还喝吗？"

杜鲁克摇摇头："半饱。我还要把那4杯无毒的白开水喝了。"

杜鲁克把另外一组的5个杯子，再随意分成2杯、2杯、1杯三份。把其中2杯水的那份拿起来，各向空杯子里倒一点点水。然后拿出第二张试纸，放进杯子里试了试，还是没变颜色。杜鲁克端起这两杯水，一仰脖喝了进去，还打了一个饱嗝。

鬼机灵眨巴着小眼睛，问："还喝吗？"

"喝！"杜鲁克指着桌子上的水："这水不喝，不就浪费了嘛！"

鬼机灵心想：杜鲁克你是不喝毒水不甘心啊！

杜鲁克拿着小盒子，笑嘻嘻地说："这里还有2张试纸没用呐！"

桌子上还有3杯水，杜鲁克把2张试纸分别放进其中2个杯子里。这时一个杯子里的试纸变成了黑色。杜鲁克拿起另外2杯水，一仰脖咕咚咕咚又喝下去了。

杜鲁克拿起那杯变成黑色的水，问鬼机灵："尝尝不？"鬼机灵吓得撒腿就跑，一边跑一边喊："那水有毒，我不喝，我不喝！"

杜鲁克拿着这杯毒水在后面一边追一边喊："喝点尝尝吧！这是你们鬼算国王给我准备的，好喝！"

鬼机灵个头矮，腿短，跑不过杜鲁克。没跑几步，就让杜鲁克追上了。杜鲁克一把揪住了鬼机灵的后衣领，大喊："好喝，你喝了吧！"

鬼机灵大喊："救命啊！"他感觉后脖梗子一阵发凉，原来杜鲁克把那一杯毒水都倒进他的后衣领里了。

"哈哈，舒服吧？真好玩！"杜鲁克乐得前仰后合。再看鬼机灵，倒在地上直翻白眼，吓晕过去了。

杜鲁克一想，鬼机灵晕过去了，我何不趁此机会，逃出死亡谷呢！他找到了死亡谷中唯一的一条路，向北快速走去……

路遇狮群

杜鲁克走了有20分钟左右，前面出现了一大片平原，一丛丛低矮的树木点缀其间。

突然，树丛开始晃动，传出一阵阵狮子低沉的吼声。杜鲁克全身一颤，心想：坏了，我是和狮群相遇了。这里是一片平原，我想藏都没地方藏。这可怎么办呀？难道我要在这死亡谷中被狮子吃掉吗？

杜鲁克向周围看了看，发现东边有一道铁丝网和这边隔开。铁丝网那边不时发出阵阵的虎啸。

听到虎啸，杜鲁克心中暗喜：机会来了！早就听说狮虎不相容。人们一直在争论，究竟是老虎厉害还是狮子厉害。有人说老虎厉害，理由是，古代北方也有狮子，就因为狮子打不过老虎，才跑到南方去了。现在这里有狮子，又有老虎，何不让它们打上一场，看看究竟谁更厉害？我也可以趁机跑出去。

可是怎样才能打开铁丝网呢？杜鲁克犯了难。

正在这时，有人高喊："杜鲁克、杜鲁克，你跑哪儿去了？"

是鬼机灵！杜鲁克心中一喜，马上高声答应："哎，我在这儿呐！鬼机灵你快来呀！"

鬼机灵晃晃脑袋说："我以为你真的让我喝毒水呢，把我吓晕了。"

"逗你玩呢！"杜鲁克拍了拍鬼机灵的肩头问，"你想不想做更好玩的游戏？"

"什么游戏？"

"前面的左边有一群狮子，右边有一群老虎，你知道吗？"

"知道，知道，那是鬼算国王专门养的，凶恶的很，会吃人的。"

杜鲁克突然问了一个问题："死亡谷里有鬼怪吗？"

"有啊！死亡谷里怎么能没有鬼怪呢？"鬼机灵毫不迟疑地回答。

杜鲁克又问："是真的还是假的？"

"真的！"鬼机灵嘴边露出一丝狡黠的微笑。

杜鲁克点了点头，心里明白了几分。他换了个话题："你说是老虎厉害，还是狮子厉害？"

"这谁知道啊？"

"是啊，有人说老虎厉害，也有人说狮子厉害。这个问题成了世界难题。"

鬼机灵晃晃脑袋:"这个难题谁也解决不了,除非狮子和老虎什么时候决斗一次。""现在就可以!"杜鲁克斩钉截铁地说。

"什么?现在?"鬼机灵吓得一蹦老高。

杜鲁克笑嘻嘻地说:"你别紧张。现在这里有现成的狮子和老虎,只要把铁丝网挪开一条缝儿,它们就会打起来。到底是老虎厉害,还是狮子厉害,答案立马揭晓。"

鬼机灵有点犹豫,他紧锁眉头:"好玩是好玩,但如果这事让鬼算国王知道了,我的脑袋就要挪窝了。"

杜鲁克紧逼一步说:"就算你不愿意,我一个人也要做。但你是鬼算国王派来看管我的,如果我出了事,你也要负责任!"

鬼机灵低头琢磨了一会儿,心想:杜鲁克说得也对。我的任务是监督杜鲁克在死亡谷中的活动,直到他死亡为止。如果途中出了问题,我往他身上一推就了事。再说,我还有一个重要的问题需要杜鲁克帮忙。

想到这儿,鬼机灵点点头:"也罢,为了解决这千古难题,我和你玩这场危险的游戏。不过,你要帮助我解决一个数学问题。"

"什么数学问题？"

"你知道我们鬼算王国有四员大将：不怕鬼、鬼不怕、鬼都怕和我。最近鬼算国王在总结和爱数王国战斗的经验时，发现我们缺少一名像你一样的参谋长，所以屡战屡败。"

"那你们选一个参谋长不就行了嘛！"

"对呀！大家说，从四员大将中选出一个参谋长不就行了。但鬼算国王觉得这四员大将实力都差不多，让谁当呢？"鬼机灵停了一会儿，"鬼算国王说，我们最大的敌人是爱数王国，所以参谋长必须选数学能力最好的。于是他出了一道数学题，我们四个人谁能第一个解答出来，就选谁当参谋长！"

"这也是个办法。"杜鲁克问，"最后谁做出来了呢？"

"到今天为止，还没人能做出来呢！"鬼机灵看了杜鲁克一眼，"你杜鲁克的数学水平那叫厉害。你要能帮我把这道题做出来，我就豁出去了，帮你把狮子和老虎赶到一起，让它们决斗！"

杜鲁克听了高兴地跳了起来："好，那咱们一言为定。你先说说那道题吧！"

鬼机灵开始说题："最近有若干名青年要入伍。鬼司令说如果把这些青年都分给一连，那么一连下属的每一个排都可以得到12名新兵；如果只分给二连，二连下属的每一个排都可以得到15名新兵；如果只分给三连，三连下属的每一个排都可以得到20名新兵。"说到这儿，鬼机灵话锋一转，"鬼算国王拦着鬼司令说，这种分法不公平。应该把这些青年平均分给三个连的每一个排。谁知道这样分配的话，每个排能分到多少名新兵？"

杜鲁克点了点头："嗯，这道题果然有点难度。你知道难点在哪儿吗？"

鬼机灵摇了摇头。

杜鲁克说："新兵数和三个连所属排的总数都不知道，这加大了这道题的难度。"

"那怎么办呀？"

"因为单独分给三个连时，三个连下面的每个排，分别可以分得12、15、20名新兵。说明新兵总数N应该是这3个数的公倍数。"

"对，不然的话，分到排里的新兵数就不可能是整数。"

"12、15、20这3个数的最小公倍数是60，可以设新兵的总数为$N = 60x$。我问你：$60x \div 12 = 5x$，这个5代表什么意思？"

鬼机灵想了想："应该是一连有$5x$个排。"

杜鲁克用力拍了一下鬼机灵的肩膀："不愧是鬼机灵！说得对！这样，二连就有 $60x \div 15 = 4x$ 个排，三连有 $60x \div 20 = 3x$ 个排。这样三个连下属的排的总数是 $5x + 4x + 3x = 12x$ 个。新兵总数是 $60x$，新兵总数 ÷ 排的总数 = $60x \div 12x = 5$。哈，算出来了。平均分配的话，每个排分得5名新兵。"

"每排分得5名新兵。"鬼机灵高兴得双手一拍，"鬼算王国的参谋长就是我了！"

杜鲁克催促："咱们快去打开铁丝网！"

"不用，那边有门。"说着鬼机灵蹑手蹑脚地走到铁丝网前动手拉门，却拉不开。他仔细一看，门上挂着一个牌子。上面写着：

请你将"＋、－、×、÷"四个符号和括号填进下面4个式子，使得结果都等于1：
1　2　3　4　5　6＝1　7＝1
1　2　3　4　5　6　7　8＝1
1　2　3　4　5　6　7　8　9＝1
1　2　3　4　5

如果填写正确，门自开。

鬼机灵冲杜鲁克一招手："这是你的老本行，你来解吧！"

杜鲁克走过去一看："都是加、减、乘、除四则运算题，简单。"他稍微想了想，就把符号和括号填了进去：

只听"咯噔"一响，门自动打开了。

鬼机灵招呼冲杜鲁克："快来！"说完噌噌两下就爬上了附近的一棵树，杜鲁克也跟着爬了上去。

鬼机灵小声说："好戏就要开始啦！"

虎王斗狮王

　　杜鲁克和鬼机灵屏住呼吸，准备观看即将发生的激烈争斗。

　　第一个走向大门的是一只小狮子，它好奇地走到门前，把脑袋探了过去，左右看了看。

　　一只小老虎急匆匆地跑了过来，冲小狮子发出了警告，不要跨界到老虎领地这边来。

　　谁知道小狮子不吃这一套，它冲小老虎一瞪眼，"呜——呜——"叫了几声，然后把身子往下一低，就要扑上来。

　　虎为兽中之王，怕过谁？小老虎脾气更暴躁，身体往前一蹿，越过铁丝网，来到了狮子领地。两个小家伙"嗷——"的一声，就打在了一起。

　　雌狮和母虎一看自己的孩子受欺负了，也立刻扑了过来。几只雌狮子和几只母老虎撕咬在一起，吼叫、抓咬、翻滚，好不热闹。鬼机灵和杜鲁克都看傻了眼。

　　突然，一声震耳欲聋的吼叫，低沉、有力，大地都

为之震动；接着又是一声更加低沉的吼叫，树叶也为之晃动。杜鲁克向左一看，一只威风凛凛的雄狮站在高岗上，显然这是一只狮王；杜鲁克向右一看，一只体型硕大的斑斓猛虎从草丛中走了出来，不用问，这肯定是一只虎王。

正斗得不可开交的雌狮和母虎立刻闪到了一边，让位给狮王和虎王。

杜鲁克"啪"的一击掌："好！主角登场了，好戏还在后面！"

只见狮王大吼一声向虎王扑了过去。这一扑，力量极大，把虎王扑了一个跟斗。虎王也不甘示弱，用钢鞭似的虎尾唰的一声，向狮王扫了过去。只听啪的一声，虎尾重重地打在狮王的身上，狮王被打出去好远。

狮王、虎王各摔了一个跟头，第一回合打了一个平手。

接着虎王发动进攻，来了一个饿虎扑食，直扑狮王。狮王也不躲闪，同时跃起来扑向虎王。两王在半空中相撞，"砰"的一声响，都被撞飞，重重地摔在了地上。这一摔可真不轻啊，虎王和狮王都趴在地上，半天没起来。

狮王、虎王打斗的声音，传到了爱数王子的耳朵里。"什么声音？"爱数王子怕杜鲁克出事，派黑色雄鹰前去看看。

鬼算国王也听到了狮虎相斗的声音，心中一惊。死亡谷出什么事啦？他立刻派鬼不怕前来查看。

很快，鬼不怕跑回去报告说："大事不好了。也不知是谁把老虎群和狮子群间的隔离网打开了。"

"什么？"鬼算国王大吃一惊，"狮子和老虎碰了面，还不往死里掐？弄不好来个两败俱伤，那我的损失可太大了！"

鬼不怕忙问："怎么办？"

"通知我的卫队，敲锣鼓，放鞭炮，把它们分开，轰回各自的领地。快！"

"得令！"鬼不怕飞跑了出去。

杜鲁克和鬼机灵趴在树上，正看得高兴，只见鬼不怕领着鬼算国王的卫队跑了过来，"咚咚呛呛"敲起了锣鼓，"噼噼啪啪"放起了鞭炮。

狮子和老虎被这个阵势惊呆了，稍微犹豫了一下，撒腿跑回自己的领地，鬼不怕趁机赶紧把大门关上了。

杜鲁克有些遗憾："狮虎之斗还没有个结果，今天又解决不了这个世界难题啦！"

"鬼算国王命令到！"鬼司令匆匆跑来，"国王说鬼机灵的任务已完成，迅速返回王宫。杜鲁克一人继续游览死亡谷。"

鬼机灵恭恭敬敬地回答："是！"随后，跟随鬼司令走了。

遇到大怪物

杜鲁克退出狮子园，顺着唯一的道路往北走，竟然和爱数王子相遇了！两人紧紧拥抱在了一起。

爱数王子问："怎么样？没事吧？"

杜鲁克笑着说："没事。遗憾的是没有看到狮虎相斗的结果。我想解决的世界难题没有解决。"接着把刚才发生的一幕对爱数王子说了。

爱数王子听了哈哈大笑："你可真有意思，在这死亡随时都可能降临的死亡谷里，竟然还有心思去解决世界难题。"

杜鲁克说："确实，就算刚才看到了结果也说明不了什么问题。如果是老虎胜了，也只能说明这里的一只老虎比一只狮子厉害，而不能说明所有的老虎都比狮子厉害。"

"对！"爱数王子点点头，"那应该怎么办呢？"

"要有大量的狮子和老虎争斗的数据，通过统计的方法才能得出结论。"杜鲁克话锋一转，"不过现在重要的是咱俩要先走出死亡谷，该怎么走呢？"

爱数王子回答："死亡谷中只有一条路，咱俩只能一直往北走，才能走出去。"

杜鲁克无奈地摇了摇头："那，咱俩就走吧！"两人边走边聊。

走着、走着，前面出现了岔路，一条路变成了两条，究竟该走哪一条？两人没了主意。

杜鲁克仔细观察后说："我看右边这条好像是原有的路，因为这条路和我们走过的路衔接比较自然。"

"那咱俩就走右边这条路。"爱数王子说。

两人走了没多远，突然觉得脚下一软，"扑通、扑通"，同时掉进陷阱里了。

"有人掉进去了！有人掉进去了！"头顶传来一阵欢呼声，杜鲁克抬头一看，吓了一跳！只见陷阱的边上站着五个怪物，长着人的身子，牛头马面，手里各拿着刀、枪、棍、棒、绳子等武器。

爱数王子毕竟是见多识广："朗朗乾坤，怎么会出现怪物？"他大声问道："你们是什么人？捉我们干什么？"

"我们是牛头马面大妖怪，问捉你俩干什么？吃呗！"一个拿着大刀的怪物狰狞一笑，"我们正发愁小兔不够吃哪，你们送上门来，太好了！"

想吃我们俩？也不知是真是假？杜鲁克灵机一动，问："你们养的小兔好端端的怎么不够吃了呢？"

牛头马面大妖怪说："原来我们只有一公一母两只小兔，送我们小兔的人说：一对小兔每一个月可以生一对小兔，而一对小兔生下来一个月后，长成熟了，第二个月又可以生小兔。"

爱数王子插话："繁殖得够快的。"

"够快，也不够我们吃的。"牛头马面大妖怪说，"我们每人每顿至少吃2只兔子，才能吃饱。每人2只，5个人就是10只兔子。按照兔子的繁殖规律，过多长时间，兔子才够我们5人吃一次的？"

另一个大妖怪解释说："由于不知道什么时候兔子才够我们吃的，而我们只有4个月的口粮储备，所以把你们抓来做备用口粮。"

杜鲁克笑了笑说："如果我告诉你，到了4个月，兔子正好有10只，你还吃不吃我们？"

"不吃了。人肉总不如兔子肉好吃。"牛头马面回答得很干脆。

杜鲁克低头在地上算了起来，写出了一行4个数：

$$1、2、3、5$$

在这行数的下面，又写了一行4个数：

$$2、4、6、10$$

杜鲁克指着最后一个数说："你们看，这最后一个数恰好是你们要的兔子数。"

一个牛头马面大怪物摇摇头："你骗我们哪！不过就是随便写4个数，把最后一个数写成10就行了。这点小把戏想骗谁哪？弟兄们，把他俩捆起来！"几个大怪物刚要动手，"慢！"杜鲁克一摆手，"这5个数不是随便写的，是算出来的。"

大怪物说："你从头到尾给我们讲讲，讲出道理，我们才相信。"

"当然要给你们讲明白道理。"杜鲁克一边讲一边在地上画图，"为了说话方便，我把出生不到一个月的一对公母小兔子，用字母A表示，显然它们不具备生育能力；把出生超过一个月的一对公母大兔子，用字母B表示，显然它们具备了生育能力。"

大妖怪点点头："明白，你接着往下讲。"

"开始第一个月，你们有一对大兔子B。1个月后，一对大兔子B生了一对小兔子A，就有了A和B，2对兔子。也就是说，第二个月有了2对兔子了。"

"明白。"

"第三个月，小兔子A长成大兔子B了。而原来的大兔子B还活着，它们又生出一对小兔子A，这时有3对兔子了，就是B、A、B。"

"第四个月呢？"

"第四个月，一对小兔子A长成大兔子B了，原来的两对大兔子还活着，它们又各生了一对小兔子。这时就有了3对大兔子，即3B，还有2对小兔子，即2A。这时就一共有了5对兔子，一共10只，每人2只，你们第四个月保证有足够的兔子肉吃。"

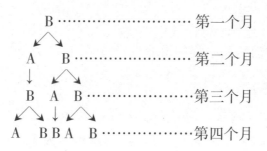

大怪物点点头："说得有道理。"

杜鲁克问："那我们可以走了吧？"

"我的问题还没有问完哪！"大怪物说，"我在想如果这些兔子我们先不吃，第八个月能有多少兔子？"

杜鲁克稍微想了一下："有68只兔子。"

"你怎么算得这么快？"大怪物们都十分惊奇，"不会是蒙的吧？"

杜鲁克说："你们刚才提出来的问题叫'兔子问题'，是一个非常有名的数学问题。"

"呦！瞎猫碰上死耗子，我们还提了个数学名题哪？哈哈，好玩！"大怪物们来了兴趣，"你仔细说说，如果你真有学问，就放了你们俩。"

"数学要研究数字的规律。"杜鲁克指着写在地上的

1、2、3、5四个数说，"这4个数有什么规律呢？经数学家研究发现，$1+2=3$，$2+3=5$，也就是，从第三个数开始，每后一个数都等于相邻的前两个数之和。按照这个规律，第五个数就是$3+5=8$。"

大怪物也来了兴趣："我也会算：$5+8=13$，$8+13=21$，$13+21=34$。写成一排就是

1、2、3、5、8、13、21、34

这34是34对，第八个月的兔子数就是$34×2=68$（只）。"

趁怪物们还在思索的工

夫，杜鲁克向爱数王子使了个眼色，两人叠罗汉从陷阱里爬了出来，一溜烟走了。

不一会儿大怪物突然醒悟过来："鬼算国王命令咱们，不能让杜鲁克活着出去，怎么就放他走了呢？"他们纷纷摘下头上的面具，原来都是鬼算王国的士兵。他们看已经追不上了，心想反正前面还有那么多机关，杜鲁克一定不会活着出去，便不再追赶。

其实爱数王子和杜鲁克并没有走远，他俩躲在暗处，杜鲁克摸了一把头上的汗："我还以为是真的大怪物哪！吓坏我了！"

爱数王子笑着摇摇头："世上哪有鬼怪妖魔？鬼算国王的花招多着哪！咱们就慢慢领教吧！"

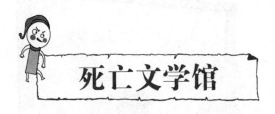

死亡文学馆

两人沿着大道继续往前走，被一座大的建筑挡住了去路。建筑物大门的牌子上写着"死亡文学馆"。

杜鲁克笑了："连文学馆都跟死亡扯上关系，真难为鬼算国王了。"

爱数王子说："看来是绕不过去了。咱们进馆吧！"推门就往里走。

迎面是一幅很大的风景画，画有一池子清水，但只画了一半。一缕袅袅白烟，也只画了一半。一棵杨柳，还是画了一半。除此以外，还有风、雨、花、渔船，和半间草房。

画的旁边写着一个很大的0.5，还有说明文字：

> 进了文学馆，就必须写诗，请用画上所描绘的景物和0.5这个数字，做一首四句的六言诗。做好诗者，可以继续往里走；做坏诗者，就在此屋静坐，等着饿死吧！

　　爱数王子摇了摇头："把一幅画和数字0.5放在一起做诗？我还从来没见过，这是成心为难人啊！"

　　杜鲁克不说话，只是一边看画，一边低头凝思。

　　爱数王子有点着急："这种诗没人会做，咱俩冲出去算了！"

　　杜鲁克摇摇头："外面必有鬼算王国的重兵把守，只靠咱俩，很难能冲出去。"

　　"那，怎么办呀？"

　　"我仔细观察了这幅画，关键问题是如何把0.5融进这幅画里。你看这幅画有什么特点？"

爱数王子又仔细观察一遍："我发现这幅画上面，一半的东西特别多。比如有一半池水，一半白烟，半棵杨柳，还有半间草房。"

"对！半是什么？半用数学表达就是0.5，或者说在这里可以用半来代替0.5。"杜鲁克说，"我来胡诌一首四句的六言诗。"

"哦？那你快念念。"爱数王子也来了兴趣。

杜鲁克摆出一副老学究的样子，朗诵起来：

> 半水半烟著柳，半风半雨催花；
> 半没半浮渔艇，半藏半见人家。

"好！"爱数王子大声叫好，"没想到杜鲁克还是一位大诗人哪！"

杜鲁克扑嗤一乐："哈哈，我逗你哪！我哪有这般本事！这是我在书上看到的，明代诗人梅鼎祚写的诗。"

爱数王子突发奇想："如果把诗里的半字，都换成0.5会怎么样？"

"我试试。"杜鲁克开始朗诵：

> 0.5水0.5烟著柳，0.5风0.5雨催花；
> 0.5没0.5浮渔艇，0.5藏0.5见人家。

"哈哈！"爱数王子笑得前仰后合，"我敢说，这是世界上首创的数码诗呀！我建议把这两首风格不同的诗都给他写上，让鬼算国王随便挑。"

"对！"杜鲁克把诗写在画的下面。刚写完，画"呼"的一声提到了房顶，出现了一间屋子。

爱数王子对带有数字的诗词有了兴趣，他问杜鲁克："你还记得哪些数字诗词？"

杜鲁克想了想："嘿，还有一首非常出名的数字诗词，是用一到十这几个数字写成的五言诗：

　　　　一去二三里，烟村四五家，

　　　　亭台六七座，八九十枝花。

"好、好、真好！"爱数王子拍着手，"还有吗？"

"还有一首《咏雪诗》：

　　　　一片二片三四片，五六七八九十片，

　　　　千片万片无数片，飞入芦花总不现。

"好、好，这个更好。不但有从一到十这十个数字，还有千、万、无数这些大数字。"爱数王子说，"以后你不但要帮我学数学，还要帮我学诗词。"

"别开玩笑，我才知道多少啊。咱们俩一起学吧！"说完，杜鲁克自言自语道，"这才只答了一个问题，就可以走了吗？这也太便宜咱们了吧？"

话声未落，只听"唰"的一声，从上面又落下一副大画。画上是一位外国人的头像，还有说明文字：

这是19世纪俄国著名诗人莱蒙托夫的画像，莱蒙托夫一生酷爱数学。

请根据下面的条件算出诗人是哪一年出生，哪一年去世的？

（1）他诞生与死亡的年份，都是四个相同的阿拉伯数字组成，但排列位置不同；

（2）他出生的那一年，四个阿拉伯数字之和为14；

（3）他去世的那一年，其阿拉伯数字的十位数是个位数的四倍。

老规矩，算对了，生！算错了，饿死！

杜鲁克苦笑着摇摇头："真不愧是文学馆，连俄国大诗人都搬出来了。没办法，算吧！"

爱数王子问："这个问题应该从哪儿入手考虑呢？"

"首先可以知道两个数字。"

"哪两个数字？"

"莱蒙托夫生于19世纪，死于19世纪。他出生与去世年份的头两位数一定是18。"

"对！ 19世纪一定是18*xx*年。"

杜鲁克开始计算："条件（2）说'他出生的那一年，四个阿拉伯数字之和为14'。已经知道百位数和千位数之和是 8 + 1 = 9，可以知道十位数和个位数之和是 14 – 9 = 5。由于 5 = 1 + 4 = 2 + 3，所以，百位数和十位数有以下4种可能：

爱数王子也在思考："条件（1）说，他诞生与死亡的那一年，都是四个相同的阿拉伯数字组成。条件（3）说，他死亡的年份，其阿拉伯数字的十位数是个位数的四倍。可以肯定莱蒙托夫死于1841年，生于1814年。呀！这么伟大的诗人只活了27岁！太可惜啦！"

"我把结果写在下面。"杜鲁克刚刚写完，"呼"的一声大画又升了上去，后面出现了那间屋子。

他们观察了一下，发现这间屋子的左右各有两扇门。一扇门上写着"1+3"，另一扇门上什么都没写。两门中间有说明："一个生门，一个死门。生死自选。"

爱数王子问："杜鲁克，你说哪个门才是生门？"

杜鲁克毫不犹豫地推开那扇什么都没写的门，说：

"就是这扇！"

爱数王子好奇的问："你怎么肯定这扇门是生门？"

"那个门上写着1+3，1+3得多少？"

"等于4啊！"

"4和死同音，写着4的门一定是死门！"杜鲁克推开门一看，"咱俩终于走出了死亡文学馆！"

独眼大强盗

杜鲁克和爱数王子继续朝北走。

忽听一声呐喊："咄！此树是我栽，此路是我开，要想从此过，留下脑袋来！"喊声未落，路旁的树上"噌噌"跳下几名彪形大汉。他们上身赤膊，分别刺着青龙、白虎、棕狮、黑蟒，头缠红头巾，下穿黑绸裤，手拿鬼头大刀，个个凶神恶煞，气势压人。

杜鲁克暗喊一声："糟糕！遇到强盗了！"

爱数王子"唰"的一声，拔出了腰间的佩剑，又"哗

啷"一声把双节棍扔给了杜鲁克:"准备战斗!"

这时,一个身高2米有余、左眼戴着黑色眼罩的大个儿强盗走了出来,他扬了扬手里的鬼头大刀,瓮声瓮气地说:"我叫独眼大强盗,武艺超群,在死亡谷里赫赫有名。你们想死吗?如果抵抗就死得快些!"

杜鲁克反问:"如果我们不想死呢?"

独眼大强盗说:"你就是大名鼎鼎的杜鲁克吧?听说你数学很好,指挥军队和我们鬼算王国打仗时,每战必胜,连我们伟大的鬼算国王都怕你三分。"

杜鲁克谦虚了一下:"我没那么厉害!"

独眼大强盗恶狠狠地说:"不过你今天在死亡谷里遇到了我,就得听我的!我有一个难题一直没有解决,如果你能答对,我就放你们过去;如果答不出来,只好把你们俩的脑袋留下。"

杜鲁克回答:"你不妨说说看。"

独眼大强盗说:"我有三个儿子和三个女儿,我想把我抢来的珍珠分给他们。我把这些珍珠装在三个大金碗里,每个金碗里的珍珠数不同。"

杜鲁克问:"你想怎么个分法呢?"

"我把第一只金碗中的一半珍珠分给我的大儿子;第二只金碗中的三分之一分给我的二儿子;第三只金碗

中的四分之一分给我的小儿子。然后，再把第一只金碗中的4颗珍珠给我大女儿；第二只金碗中的6颗珍珠给我二女儿；第三只金碗中的2颗珍珠给我小女儿。"

"分完了吗？"

"没有。最后第一只金碗中还剩下38颗珍珠；第二只金碗中还剩下12颗珍珠；第三只金碗中还剩下19颗珍珠。你给我算算，这三只金碗里原来各有多少珍珠？"

爱数王子听完以后，吐了一下舌头："这么复杂？"

独眼大强盗嘿嘿一笑："不复杂，我们鬼算王国会没有人能算出来？不复杂，我能等杜参谋长来算吗？"

爱数王子自告奋勇说："我先来算算吧。"

独眼大强盗点点头："可以。你们俩是一伙儿的嘛！"

爱数王子说："这个问题我认为应该倒着算，也就是从最后的结果一步一步往前算。"

杜鲁克在一旁伸出大拇指，点了点头，表示赞许。

爱数王子看到杜鲁克同意自己的算法，更加有信心了："你的第一个金碗里最后剩下38颗珍珠，加上你给大女儿的4颗，一共42颗，而这42颗只是原来珍珠的一半，因为你把另一半给了你大儿子了，对不对？"

独眼大强盗点点头："对、对。"

爱数王子说："所以第一只大金碗里应该有84颗

珍珠。"

独眼大强盗又点头："对！"

爱数王子接着说："你的第二个金碗里最后剩下12颗珍珠，加上给你二女儿的6颗，一共18颗，而这18颗只是原来珍珠的三分之二，因为你把三分之一给了你二儿子了，对不对？"

"对！"

"18是三分之二，那么三分之一就是9，这样就知道这个金碗里原来有27颗珍珠。"

独眼大强盗连忙点头："一点没错，就是27颗。"

爱数王子说："用同样的方法，我算出了第三个金碗里有28颗珍珠。"

"对是对，不过，数学讲究的是算。"独眼大强盗一脸不高兴，"你连个算式都没有写，全靠嘴说，这算哪门子数学？尽管你的答案对了，但是根据不足啊！"

爱数王子也急了："你说怎么办吧？"

"答案对了，我算你做对了一半。"

"那，另一半呢？"

"听说你爱数王子武艺不错，一直没有机会领教。今天，我让一位人称'刽子手'的兄弟和你练两手，如果你能胜了他，这道题就算你全答对了。"

"如果我胜不了他呢？"

"对不起，只好让杜鲁克用纯粹的数学方法，再给算一次。"

"好！"

"刽子手，上！"

"来啦！"只见一个全身都是疙瘩肉的强盗跳了出来，也不打招呼，抡起鬼头大刀，照着爱数王子的脑袋，从上到下"唰"的就是一刀。

爱数王子一看，这一刀力大刀沉，没敢直接用剑去挡，纵身一跳，闪到了一边。大刀"当"的一声，砍到了王子身后的一块石头上。只见火星四溅，石头立马被劈成了两半。

一旁观看的杜鲁克倒吸了一口凉气，好险哪！

爱数王子用剑对准刽子手的后心刺了一剑，刽子手用刀一挡，两人交手打在了一起。只见刀剑上下飞舞，剑光闪闪，刀声呼呼，打得好不热闹。

打了足有半个小时，爱数王子渐渐力气不济，微微有点喘，剑法也有点乱。再看刽子手却越战越勇，一刀紧似一刀。

杜鲁克在一旁干着急：自己又不会武功，帮不上忙，这可怎么办呀！

世界上最先进的算法

突然，杜鲁克大喊一声：“停！”

独眼大强盗说：“打得好好的，怎么喊停了？”

杜鲁克解释说：“这样打下去，什么时候是个完哪？我有一个好算法，可以把刚才这个问题再算一遍。如果你还不满意，我可以用世界上最先进的算法再给你算一次，怎么样？”

“用世界上最先进的算法？好！我倒要见识见识。”独眼大强盗对刽子手摆摆手，让他退下。刽子手鼻子里“哼”了一声，心想，眼看我就要取胜了，怎么不让打了？十分不服气地下去了。

杜鲁克开始解题：“我说的好算法是用方程来解。可以用字母 x 来代表第一只金碗中的珍珠数。”

独眼大强盗摇摇头表示不理解：“这个 x 是多少啊？”

杜鲁克解释：“我们并不知道 x 一开始是多少，所以数学上把它叫做‘未知数’，含有未知数的等式就叫做‘方程’。计算这个等式的过程就是‘解方程’。解方程的目的就是把未知数x是多少求出来。"

独眼大强盗点点头："你说的我好像有点明白了，你解方程吧！"

杜鲁克在地上边说边写："你给了大儿子一半，就是$\frac{1}{2}x$，你又给大女儿4颗，最后剩下38颗。可以列出方程：

说明第一只金碗里有84颗珍珠。用同样的方法可以算出第二只金碗里有27颗珍珠，第三只金碗里有28颗珍珠。"

独眼大强盗点点头："解方程是个好办法。那你再介绍一下世界上最先进的算法。"

杜鲁克蹲在地上写了两个公式：

$$x - ax - b = c,$$

$$x =$$

$y=9-x^2-x$

　　杜鲁克说："这就是计算三个金碗里各有多少珍珠的方法和答案。"

　　独眼大强盗生气了："明明有三个金碗，怎么只有一个答案啊？这明明是在骗我嘛！来人，给他颜色看看！"刽子手举刀就要砍。

　　杜鲁克手一举："慢！听我解释完了，再砍也不迟啊。"

　　"有话快说！"

　　杜鲁克不紧不慢地说："这个算式里的x代表金碗里

的珍珠数，a代表你给儿子珍珠数占金碗里珍珠数的几分之几，b代表你给女儿的珍珠数，c代表剩下的珍珠数。"

独眼大强盗轻蔑地一笑："你又骗我哪！这只是一个算式，而我有三个儿子，三个女儿啊！"

"对！我就用这个算式，给你算第一个金碗里的珍珠数。"

"快算！算不出来，看我怎么收拾你！"

"这里x代表第一个金碗里的珍珠数，给了大儿子一半，a应该是$\frac{1}{2}$，b代表你给大女儿的珍珠数，应该是4，c代表剩下的38颗珍珠。把这些数字代入算式，得

$$x-\frac{1}{2}x-4=38$$
$$x=84。$$

对不对？"

独眼大强盗点点头："对。"

杜鲁克说："你把第二个金碗，第三个金碗的数据分别往算式中的a、b、c中代，结果都是对的。"

"有点意思。"

杜鲁克又说："这就是我所说的世界上最先进的算法，它是最简单、最明确的算法。利用这一个算式，别

说是你有3个金碗、3个儿子、3个女儿，就是有100个金碗、100个儿子、100个女儿，也都能算出来。"

独眼大强盗听傻了："好吧，既然你们正确解答出了我的问题，我说话算数，放你们走。不过不要高兴过早，前面的关口一道比一道难过，想活着走出死亡谷，比登天还难！"

爱数王子笑了笑："这就不劳您惦记了！"说完和杜鲁克大步迈向了前方。

算命先生

　　两人走了一段路，只见一个卦摊横在路的中央，挡住了去路。一个又瘦又矮的老头坐在卦摊的后面，看那身打扮，是位算命先生：头戴见棱见角的道士帽，身穿绘有阴阳双鱼的道袍，留着两撇小胡子。卦摊两侧，左边立着的牌子上写着"定祸福"，右边牌子上写着"判生死"。

　　由于卦摊把道路堵严了，爱数王子上前说："这位道长，请把卦摊挪一挪，让我们俩过去。"

　　算命先生也不搭话，只是不停地打量着他们，看得杜鲁克心里直发毛。

　　好半天，算命先生才说话："我看两位客人印堂发暗，两眼无光，要大难临头，离死亡不远了。"

　　杜鲁克当然不信他的鬼话，便想逗逗这位算命先生，他问："先生有什么破解的办法？"

　　"有！有！"算命先生拿出一张纸，"这是一道保命算题，是我祈祷上天三天三夜才得到的。如果你能用数字1到9代替纸上的汉字，注意每一个汉字要用一个数字代替，不同的汉字用不同的数字代替，而且1到9这9个数字全要用进去。只有全做对了，你们才有可能逃过这一劫！"

杜鲁克问："如果错了呢？"

算命先生斩钉截铁地说："必死无疑！"

杜鲁克摇摇头："你怎么知道必死无疑？"

算命先生把那张纸递给杜鲁克："你看，上面写得清清楚楚。这是上天的意思。"

只见上面写着一个算式：

$$\begin{array}{r}
杜鲁克爱数王子必死 \\
+\ 8\ 6\ 4\ 1\ 9\ 7\ 5\ 3\ 2 \\
\hline
死必子王数爱克鲁杜
\end{array}$$

算命先生说："看到没有？不管是从左往右读，还是从右往左读都是'杜鲁克爱数王子必死'，这还有错？"

杜鲁克无奈地说："看来必须把这个问题解出来，才有生的希望。"

算命先生点点头："唉——你算是明白了。要想活命就赶紧解题吧！"

杜鲁克又看了看题目："这道题要从高位算起。这里杜＝1，死＝9，只有这一种答案。接着从左往右看第二位，由于1和9都用过了，鲁只能取2，鲁＝2，必＝8。同样方法可以算出

　　爱数王子验算了一下："没错，就是这个答案。"

　　算命先生看杜鲁克答对了，又从口袋里取出两瓶药："这是我修炼了九九八十一天才炼成的不死仙丹，10美元一瓶，吃了以后可以顺利走出死亡谷，你们俩每人买一瓶吧！"

　　杜鲁克不以为然地笑了笑："我们不要，你留着自己慢慢吃吧！"

　　谁知算命先生突然翻了脸，"唰"的一声就从卦摊下面抽出一把宝剑，大喊："施主不买药，就休想从此过！阿弥陀佛！"

杜鲁克听了一愣："他明明是老道，怎么念阿弥陀佛？和尚才念阿弥陀佛哪！"

爱数王子问："那老道应该念什么？"

"老道应该念无量天尊啊！这个算命先生是个假老道。"

"看来是又遇到拦路抢劫的了。"爱数王子也亮出宝剑，两人交起手来啦！只见光闪闪，宝剑上下飞舞；剑碰剑，火星四溅。可算命先生哪里是爱数王子的对手？没打几个回合，只听"当啷"一声，算命先生的宝剑被打掉在地上。

爱数王子用剑逼住算命先生，命令他把不死仙丹

杜鲁克爱数王子必死
+86419 7532
死必子王数爱克鲁杜

吃了。

算命先生说："我可不吃。"

"你为什么不吃？"

"那是我用马粪做的。"

爱数王子听了二目圆睁："你也太坏了！我要让你自作自受，把两瓶药都吃了！"

算命先生把脖子一梗："你再逼我，我要把我的徒弟叫来了！"

杜鲁克问："你有多少徒弟？他们有什么本事？"

算命先生嘿嘿一笑："说出来可别吓死你们！徒弟中 $\frac{1}{2}$ 会轻功，能飞檐走壁； $\frac{1}{4}$ 会硬气功，刀枪不入； $\frac{1}{7}$ 会念咒，能驱妖鬼；此外还有 3 名能呼风唤雨。你说说我共有多少名徒弟？"

杜鲁克说："这个容易，我设你的徒弟总数为 x，这时会轻功的是 $\frac{1}{2}x$，会硬气功的是 $\frac{1}{4}x$，会念咒的是 $\frac{1}{7}x$，另外还有 3 个会呼风唤雨，把这些徒弟加在一起就等于总数 x。可以列出方程：

$$\frac{x}{2}+\frac{x}{4}+\frac{x}{7}+3=x,$$

计算，得

$$\frac{25x}{28}+3=x,$$

$$x=28。$$

你的徒弟共有28人。会轻功的有14人，会硬气功的有7人，会念咒的有4人。"

算命先生神气起来了："我有这么多神通广大的徒弟，你们怕不怕？"

爱数王子觉得很可笑："你这个师傅本身就是二五眼，徒弟还能好到哪儿去？"

"不信？给你点颜色看看。"算命先生回头叫了一声，"大徒弟，上！"

只听"嗖、嗖、嗖"，跳出来几个小道士，其中一个道士抢拳朝爱数王子打来，爱数王子往旁边一闪，让过小道士，然后照着他的屁股狠狠踢了一脚，只听"呦——"的一声，再看小道士，早没影儿了。

"哈哈！"爱数王子对算命先生说，"你的大徒弟轻功果然了得，我轻轻一脚，硬是把他给踢没了！"

杜鲁克也笑得直不起腰："你把那4个会念咒的徒弟请出来一个，让我们见识见识。"

算命先生眯缝着眼睛，神秘地说："哼，他要是一念死咒，你们俩立刻两眼上翻，两腿乱蹬，口吐白沫，小命呜呼！你们怕不怕？"

"不怕！"

算命先生喊道："三徒弟上来一个。"

　　"来了！"只见从卦摊下面钻出一个小道士，"师傅，什么事？"

　　"你先念一个痒痒咒，让他们全身痒痒得受不了，受足了罪，再给念死咒，送他俩回老家！"

　　"是！"小道士盘腿坐在地上，双手合十，口中念念有词，"天灵灵，地灵灵，虱子臭虫快听清，快快爬他身上去，大口咬他不留情！"

　　爱数王子听了哈哈大笑："我怎么一点也不痒痒？"

　　小老道一愣："我念的次数太少，上天没有听见，我多念两遍。"他又双手合十念了起来。

"装神弄鬼吓唬人，你也走吧！"爱数王子照这个小道士又是一脚，"呦——"的一声，小道士也飞走了。

　　此时算命先生神气全无，哭丧着脸说："看来我的徒弟个个都是'一脚没'，徒弟们快撤！"算命先生说完撒腿就跑。

高山挡路

　　杜鲁克和爱数王子继续往前走，又被前面一座高山挡住了去路。

　　上山有许多条路，走哪条？爱数王子说："要不走中间这条路吧！"杜鲁克点点头。

　　两人爬着、爬着，前面出现一个山洞，洞口不大，里面黑乎乎的，好像挺深，还不时传出一股股恶臭。

　　杜鲁克好奇："这是什么洞？"话声刚落，就听到里面传出一阵猛兽的嗷叫。

　　爱数王子一拉杜鲁克："快走，危险！"两人迅速跑到一块大石头后面藏了起来。

　　"呜——"随着一阵狂风刮过，山洞里蹿出一只斑斓猛虎，站在洞口四处张望，还不时张开血盆大口"嗷——嗷——"吼叫几声。

　　等了一会儿，老虎归洞了，两人也小心翼翼地离开了。

　　两人继续往前走，又发现一个小一点的洞，扒着洞口往里看，一股熏人的腥臭气从洞里窜出，两人捂着鼻子，"噔噔噔"往后倒退了好几步。

说时迟、那时快，一条碗口粗细的大蟒从洞里窜出来，一下子就把杜鲁克拦腰缠住了，杜鲁克大喊一声："救我！"

爱数王子唰地抽出宝剑，朝大蟒砍去。只听"噗"的一声，大蟒身上被砍出一道大口子，鲜血喷了出来。

大蟒受此重创，身体立刻缩紧。这一缩紧不要紧，杜鲁克可受不了啦！大喊："快把我箍死了！"

爱数王子也急了，抡起宝剑在大蟒身上连砍带刺，

4、16、36、64、？、144、196

一直到大蟒没气了。

爱数王子累得一屁股坐到了地上，杜鲁克也挣扎着从大蟒身体中爬了出来。

杜鲁克摇摇头说："咱们这样瞎走可不是个办法。谁知道这山上有多少个洞，哪个洞能通到山的那边去？"

"鬼算国王既然在这里修建了死亡谷，那他一定会设置指示牌一类的东西，指引你走向死亡。"爱数王子说，"咱俩不找山洞了，找指示牌吧！"

"对，找指示牌去。"两人说走就走。

走了好长一段路，也没发现什么，正要泄气的时候，杜鲁克发现路边竖着一块不显眼的牌子，上写：

> 此山叫百洞山，山上有200个洞，每个洞都有一个编号。200个洞中只有一个洞可以穿洞而过，通到山那边的大路。这个山洞的编号是下面一行数中问号位置的数。

> 4、16、36、64、？、144、196

> 其他号码的洞万万不能进，那里面豺狼虎豹、毒蛇毒虫应有尽有，进错了山洞，必死无疑！

爱数王子看完说："要想知道问号处是什么数，必须知道这一行数排列的规律。"

"你说得对。"杜鲁克说，"要知道规律，咱们必须把这些数先解剖了。"

"怎么个解剖法？"

"我说的解剖，就是把数分解成几个因数的连乘积。你看这些数都是偶数，可以用2去除，得

$$2、8、18、32、?、72、98$$

"这就相当于剥去了一层皮。"

"对！剥完后的几个数还是偶数，还可以再用2去除，得

$$1、4、9、16、?、36、49$$

这样，原来的6个数可以写成

$$4×1、4×4、4×9、4×16、?、4×36、4×49$$

王子你看往下还能怎样解剖？"

爱数王子认真思考了一下："我明白了，经过两次剥皮，剩下的数全是平方数，可以写成：

$4 = 4 \times 1 \times 1$，$16 = 4 \times 2 \times 2$，$36 = 4 \times 3 \times 3$，

$64 = 4 \times 4 \times 4$，$144 = 4 \times 6 \times 6$，$196 = 4 \times 7 \times 7$。

这样1、2、3、4、6、7的平方数都有了，唯独缺少5的平方数，因此问号位置上应该是$100 = 4 \times 5 \times 5$。咱俩应该找编号为100的山洞。"

100号山洞之谜

"对！就是100号山洞！"可两人找了半天，就是找不到这个100号山洞，只好坐在一块大石头上休息。杜鲁克想，这一行7个数，除了给出这些数结构上的规律，还会不会有别的意思？对！很可能也给出了这7个洞的排列位置。

想到这里，杜鲁克对爱数王子说："咱们不但要找100号洞，前面的4、16、36、64号山洞也要找。"

爱数王子并不明白其中的道理，但他相信杜鲁克说的一定没错。找呀，找呀，正当快失去信心的时候，爱数王子看到在一个很小的山洞上面写着数字4，如果不仔细看很容易错过。

爱数王子兴奋地说："看！4号山洞。"

"太好了！"杜鲁克用力拍了一下爱数王子的肩头，"附近肯定会有16号山洞！"

"这么肯定？"爱数王子认真去找，果然在不远的地方找到了16号山洞。

"我明白了，这几个编号的山洞是挨在一起的。"爱数王子更加认真去找，"我找到36号山洞了！"

过了一会儿，杜鲁克又找到了64号山洞。

爱数王子兴奋地说："快了，马上就能找到100号山洞了。"但这次高兴得有些太早了。他们找啊找啊，就是找不到100号山洞，爱数王子有些失望了。

杜鲁克忽然想起来什么，往64号山洞里走去，不一会儿就听见他在山洞里大喊："看，100号山洞在这儿哪！"

爱数王子跑进去一看，原来64号山洞里还套着一个

1、5、9、13、17……
根据这行数排列的规律，求出第100个数。这个数就是箭头的个数。

山洞，正是100号山洞。

"哈，藏在这儿哪！"

杜鲁克刚想迈腿进洞，爱数王子一把拉住了他："你知道洞里藏有什么机关？不能贸然往里走！"他捡了一块石头扔了进去，只听"砰"的一声石头落地了，接着又"嗤"的一声，地下钻出一个大箭头，如果人走在上面肯定要被戳出一个大窟窿！杜鲁克吓得舌头吐出来老长。

爱数王子想了想说："鬼算国王阴险狡诈，按照以往的经验，应该会在这个山洞里藏一道题。如果你能解出这道题，或许还有一条活路，如果解不出来，那必死无疑！咱们先找出鬼算国王的这道题藏在哪儿了吧。"

两人上上下下左左右右找了一个遍，什么也没有。

杜鲁克有点泄气，真会有这么一道题吗？他无意中转头一看，发现洞门口贴墙立着一块石板，杜鲁克把石板转了180度，果然看到背面写着一道题：

100号山洞里箭尖朝上的箭头是有数的。

1、5、9、13、17……

根据这行数排列的规律，求出第100个数。

　　这个数就是箭头的个数。

　　"找到题目了！"杜鲁克十分兴奋。

　　爱数王子看着这行数，半天没说话。

　　杜鲁克问："你怎么啦？"

　　"你刚才说，遇到这种题应该先把这些数解剖了，给它们层层剥皮，现出原形，才能发现它们的规律。"

　　"对呀！正是这样！"

　　"可是这5个数，除了9可以解剖成3×3，其余4个数都剥不下皮来呀！"

　　"哈哈哈！"杜鲁克乐坏了，"给数解剖的方法有很多，不是只有剥皮这一种。1、5、13、17四个数是质数，它们除了可以被1和本身整除以外，不可能被其他整数整除，也就没有办法剥皮。"

　　爱数王子沮丧地问："那怎么办呀？"

　　"可以先给它们变变形。"杜鲁克写出：

　　　$1=1$，$5=1+4$，$9=1+8$，$13=1+12$，$17=1+16$

　　"你看，把每个数都减去一个1，剩下的都是偶数，可以剥皮了：

这么一个小山洞，地面竟然安装了近400个箭头，这可怎么过去呀？"杜鲁克犯愁了。

爱数王子开动脑筋："杜鲁克，刚才咱们是怎么发现地面上安装了箭头呢？"

"咱们是往里面扔石头，把箭头砸出来的。"

"嗯，那就继续照方抓药，我往里扔石头，你数砸出来的箭头数，如果砸出来的箭头数够397，咱俩就可以平安地通过山洞了。"

杜鲁克高兴的跳了起来："高招！"他立刻拿起一块石头扔了进去。石头"咚"的一声砸在了地上，"嗖"的一声，一个箭头从地下钻了出来。

爱数王子喊："1个！"接着也捡起一块石头扔了进去，"咚"、"嗖"。

杜鲁克喊："2个！"就这样你扔进一个，我扔进一个。3个、4个……396个、397个。

"好啊！够数了。"两人一起走进100号山洞。

醉鬼三兄弟

杜鲁克和爱数王子穿过100号山洞，来到了大路，两人继续向北走。

正走着，突然听到一声暴喝"站住！"话声未落，三个彪形大汉跳了出来。细看这三个大汉，虽说个头不一般高，长相可差不多少，手上都拿着一把鬼头大刀。而且奇怪的是他们的脸都特别红，还有点站立不稳。

爱数王子抽出宝剑，杜鲁克也亮出双节棍。

爱数王子喝问："你们想干什么？"

个子稍高一点的大汉晃晃悠悠地说："不干什么，就想要你们的脑袋！"

爱数王子追问："咱们远日无怨，近日无仇，为什么要我们俩的脑袋？"

个子最矮的大汉回答："鬼算国王刚刚请我们哥仨喝酒，说只要我们成功地消灭杜鲁克，晚上接着请我们喝酒。"

杜鲁克问："你们三人是亲兄弟吗？"

个头居中的大汉说："我们是亲哥仨，个头稍高的是老大，外号'大酒鬼'；我是老二，外号'二酒鬼'；个头最矮的是老三，外号'小酒鬼'。"

杜鲁克摇摇头："好嘛！遇到三个酒鬼。我的年龄和你们的子女差不多大小，你们忍心下得了手吗？"

二酒鬼回答："说到子女，我现在脑袋有点糊涂，一时想不起来有几个儿子和女儿了。我说哥哥和弟弟，你们记得自己有几个儿子、几个女儿吗？"

大酒鬼和小酒鬼同时摇头说："记不得了。"

爱数王子也摇摇头："少喝点，比什么都好。那你们还记得什么？"

小酒鬼两手扶着脑袋，用力地晃了晃："唉，我想起来了，他们俩的儿子都是我的侄子，他们俩的女儿都是我的侄女。"

大酒鬼和二酒鬼同时点头："对、对。"

小酒鬼说："你说怪不怪，虽然说我记不得我有多少儿子和女儿，可有多少侄子、侄女可是记得一清二楚。我有4个侄子，3个侄女。"

大酒鬼微笑着说："我也一样，有4个侄子，1个侄女。"

二酒鬼跟着说："我有4个侄子，2个侄女。"

爱数王子用食指点着三个酒鬼说："你们这都是什么记性？自己的儿女记不住，却记住别人家的儿女。"

大酒鬼哈哈一笑："这叫做超人类外星人思维，你们还年轻，理解不了！"

杜鲁克问："你们不是要我的脑袋吗？怎么还不动手？"

大酒鬼严肃地说："我早就听说杜鲁克数学很好。今天你如果能把我们哥仨的儿女都算清楚，就不砍你的脑袋，你们自己选个死法吧。"

爱数王子举起宝剑，大喊："这不也同样是死吗？"

杜鲁克急忙拦住爱数王子："可以，可以。自己选死法总比砍脑袋强吧！"

爱数王子皱着眉头："这都是什么题呀？该怎么做？"

"能做。不过就是要求的未知数多了一些。"杜鲁克边说边写，"设大酒鬼有 a 个儿子，b 个女儿；二酒鬼有 c 个儿子，d 个女儿；小酒鬼有 e 个儿子，f 个女儿。"

爱数王子吃惊了："有6个未知数，这个题目怎么解啊？"

"未知数多了，不要紧。只要把它们的关系理清楚就行。"杜鲁克接着写，"大酒鬼有4个侄子，1个侄女。这实际上告诉我们，二酒鬼和小酒鬼合起来有4个儿子，1个女儿。即 $c+e=4$，$d+f=1$。"

小酒鬼在一旁嚷嚷："对、对。老大的4个侄子就是老二和我的4个儿子，一点都不错！接着算。"

杜鲁克说："二酒鬼有4个侄子，2个侄女。也就是说大酒鬼和小酒鬼合起来有4个儿子，2个女儿。即 $a+e=4$，$b+f=2$。同样还有 $a+c=4$，$b+f=3$。写在一起就是：

$$a+e=4,$$
$$b+f=2,$$

$$c+e=4,$$
$$d+f=1,$$
$$a+c=4,$$
$$b+d=3.$$

爱数王子有点不明白："你说过，含有未知数的等式叫做方程。可是这一下子出现6个方程怎么办？"

"方程多于一个时，就叫方程组。"杜鲁克说，"解方程组最常用的方法是加减法。"杜鲁克边说边写："先把有关侄子的3个算式竖着相加，得

$$(a+c)+(a+e)+(c+e)=4+4+4,$$
$$2(a+c+e)=12,$$
$$a+c+e=6.$$
$$因为c+e=4,$$
$$所以a=2.$$

由于a表示大酒鬼的儿子数，所以大酒鬼有2个儿子。"

大酒鬼大嘴一咧："没错，没错。我有2个儿子，双胞胎！"

"再算大酒鬼的女儿数。"杜鲁克边说边写，"我把

有关侄女的算式相加，得

$$(b+d)+(d+f)+(b+f)=3+1+2,$$
$$2(b+d+f)=6,$$
$$b+d+f=3。$$
因为 $d+f=1$，
所以 $b=2$。

说明大酒鬼有2个女儿。"

大酒鬼高兴地说："对、对，我有2个女儿，你猜怎么着，也是双胞胎！哈哈哈。"

杜鲁克说："我再算算二酒鬼、小酒鬼有多少儿女。刚才我算出了

爱数王子解释说："上面结果说明，二酒鬼有2个儿子，1个女儿；小酒鬼有2个儿子，0个女儿。对不对？"

三个酒鬼一起点头："对、对，就是老三没女儿。"说完三个酒鬼凑在一起，小声嘀咕了几句。

　　不一会儿，只听大酒鬼说："我们也别动手了，你们自杀算了！"

　　"什么？"爱数王子一听，火冒三丈，"你们喝得已经东倒西歪了，等死的是你们！看剑！"话到剑到，剑从大酒鬼耳朵边擦了过去。

　　"哎哟！差点耳朵掉了！看我的。"大酒鬼晃晃悠悠举起鬼头大刀，向爱数王子猛砍过去，由于酒劲正发作，这一刀离王子足有20厘米。爱数王子趁势朝大酒鬼的后腰猛踹了一脚，大酒鬼站立不稳，"噔、噔、噔"向前连跑了三步，"扑通"一声来了个狗吃屎，趴在那儿了。

　　二酒鬼一看大哥趴下了，立刻怒火中烧，抡起鬼头大刀朝爱数王子劈头盖脸地砍了下来，由于酒劲作怪，这一刀也砍歪了，离爱数王子有30厘米就滑过去了。爱数王子照方抓药，猛踹了二酒鬼一脚，二酒鬼也站立不稳，"噔、噔、噔"向前连跑了三步，"扑通"一声来了一个狗啃泥。

　　小酒鬼也没闲着，抡起鬼头大刀朝杜鲁克砍去。杜鲁克举起手中的双节棍迎了上去，双方势均力敌，只听"当啷"一声，鬼头大刀和双节棍同时飞出手去。小酒鬼又抡起双拳，向杜鲁克打去。杜鲁克正不知道应该怎样应对，只听"哎哟"一声，小酒鬼"呼"的一声飞了出去，身体撞到了一棵树上，"嗷"的一声晕过去了。原来是爱数王子从后面给了他一脚，把小酒鬼踢飞了。

这时大酒鬼爬了起来，把右手的大拇指和中指捏成一个圈，放进嘴里，"吱"地吹了一个匪哨。

只见大树上"嚓嚓"跳下几个小孩。仔细一看，正是六男六女，这九个小孩冲大酒鬼抱拳下跪，有的喊"大伯"，有的喊"爸爸"。

大酒鬼指着爱数王子和杜鲁克说："你们把这两个小

子给我拿下！"

九个小孩齐声回答："遵命！"男孩拿刀，女孩拿剑，把爱数王子和杜鲁克团团围在中间，"一、二、一"喊着口号整齐地进攻。六个男孩专门攻击爱数王子，三个女孩围攻杜鲁克。

爱数王子舞动着手中的宝剑迎击。好剑法！只见剑光闪闪，密不透风，仿佛把自己罩在剑影之中。有时爱数王子突然还击一剑，必有一男孩中剑倒地。

再看杜鲁克，虽说只有三个女孩攻击，但是杜鲁克的功夫实在是稀松平常，双手拿着双节棍跟拿着烧火棍似的，一通乱抢，有时碰到女孩刺来的剑，发出"当！"的一声响，震得虎口发麻，差一点把双节棍扔了。

爱数王子一个人对付六口刀，还绰绰有余，而杜鲁克只抵抗三口剑，却顾东顾不了西，顾上顾不了下，不一会儿身上就连中两剑，虽说只是皮肉伤，杜鲁克也慌了神，大叫一声："呔！我跟你们拼了！"手中的双节棍一通乱舞。

就在此时，只听一声呐喊："我来了！"爱数王子一个空翻飞了过来，手中的宝剑只翻出两个剑花，只听"哎哟、哎哟"，三个女孩手中的剑纷纷落地。爱数王子趁机拉起杜鲁克，撒腿就跑。

几个孩子在后面紧追。这时三个酒鬼的酒也醒了，拿起鬼头大刀也追了上来，边追边喊："别让这两个小子跑了！"

眼看就快要被追上来了，怎么办？杜鲁克头上冷汗直冒。正在这危险的时候，大酒鬼在后面大喊："孩子们，别追了。前面就是死亡数学馆，进去的人没有一个能活着出来的！"几个孩子停下了脚步。

爱数王子和杜鲁克只能硬着头皮往前跑。只见"死亡数学馆"门前挂着一副对联。上联写："数学在各学科中最简单。"下联写："数学死亡馆中死亡最快。"

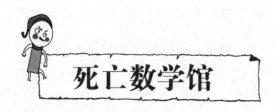

死亡数学馆

后有追兵，看来这死亡数学馆进也得进，不进也得进。杜鲁克一咬牙："进去！"他大踏步走到面前把门推开，爱数王子跟着走了进去。

与此同时，两匹高头大马风驰电掣般地向这里奔来，还没等马停稳，马上的人就跳了下来。大酒鬼一行人马上行礼："见过鬼算国王、鬼算王子！"

鬼算国王问："他们人呢？"

大酒鬼回答："刚刚走进死亡数学馆。"

鬼算国王面露喜色："进去就好！我在死亡谷中设计了那么多死亡关口，结果被他们一一破解，只有你们刚才让杜鲁克受了点轻伤。死亡数学馆是我设计的最难的一个关口，绝不能再让他们走出去！"

鬼算王子问："父王有什么想法？"

"我要进数学死亡馆，亲自参与！"鬼算国王对鬼算王子说，"你在门口看着，绝不能让他俩走出此门！"

"遵命！"鬼算王子回头冲大酒鬼他们一招手，"你

们都跟我一起隐蔽起来，如果爱数王子和杜鲁克能活着
走出数学死亡馆，咱们就消灭他们！"

"是！"几个人齐声响应。

再说爱数王子和杜鲁克。

他俩走进了死亡数学馆。一进门，发现左右两边
各站着一个老道，杜鲁克吓了一跳："这是活人还是模
特？"

左边的老道长得胖胖的，穿着八卦仙衣，腰间佩
戴一柄长剑。右边的老道却骨瘦如柴，手里拿着一柄

拂尘。

爱数王子用手推了一下，老道纹丝不动："是假的，吓唬人的。"

放眼看去，死亡数学馆是被隔板隔成一间一间的，刚进门这间屋子除了那两个假老道，还有一个大池子，里边有一只特大号的乌龟，背上画有一张3×3的方格图，旁边有好多棋子。"咦？"杜鲁克有些不解，"这里叫'死亡数学馆'，怎么既没有数学，也没有死亡，只有这么一只大乌龟？"

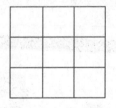

爱数王子说："我也感到纳闷啊。"

这时有人说话了："你们是想先做数学题，还是先死？"

谁在说话？爱数王子抽出宝剑，杜鲁克也抖开双节棍，四处寻找。

这时又听到那个人说："先做数学题还要耽误时间，不如赶快死了算啦！"

循着声音望去，原来是门口的胖老道在说话。

爱数王子大声说："你既然是真人，站在这儿装什么神，闹什么鬼呀？"

胖老道也不答话，"哗啦"一声把腰间的长剑抽了出来。只见一招"蛟龙出海"，剑锋直奔爱数王子的咽喉刺去。爱数王子身体一歪，躲过一剑，回手一剑，直朝胖老道的前胸扎去。胖老道大喊一声："好快的剑哪！"急忙把长剑收回，挡开了爱数王子的剑。

杜鲁克一扬手："二位且慢动武，先让我把这里的规矩搞清楚。我如果选择先做数学题，也是必死无疑吗？"

"不、不，做对了，就放你们过去。"胖老道解释说，"不过，要想做出这些题目是痴心妄想！这些题极难，都是三千多年前的古题，我还从没见过有谁能做出来的！"

乌龟背上的神图

杜鲁克说："那你也先把这道古题说给我们听听，就算我们没做出来，死了也不后悔呀！"

"嘿嘿。"胖老道先是一阵冷笑，"既然你有不怕死的精神，我就成全你。话说三千多年前，大禹治水来到了洛水。突然洛水中浮出一只特大号的乌龟，背上有一张奇怪的图，图是由3×3个方格组成，还画有许多圆点。9个方格中的点数，恰好是从1到9。你们说神不神奇？"胖老道接着讲，"这是一张神图，有无限的魔力，被后世称为'九宫图'，也叫'河图'。由于时间久远，从1到9这九个数，在3×3方格图中是如何排列的，已经失传。鬼算国王为了把失传的图重新填出来，花重金把这只据说是洛水大乌龟的十八代子孙买来了。"

胖老道指着池子里的乌龟说："如果你们能在这只乌龟的背上摆出九宫图，我立刻放了你们。"

杜鲁克略一思索，问："这九宫图有什么要求？"

"按照从1到9的数字，把这些棋子分别摆放进9个格子里。要求每横行的3个格子里的棋子数之和，每竖行的3个格子里的棋子数之和，每条对角线的3个格子里的棋子数之和都相等。"胖老道翻了翻白眼，"听清楚没有？要不要我再重复一遍？"

爱数王子没好气地说："听清楚啦！"然后问杜鲁克，"这个问题应该从哪儿入手考虑呢？"

杜鲁克想了想说："既然每横行的3个格子里的棋子数之和，每竖行的3个格子里的棋子数之和，每条对角线的3个格子里的棋子数之和都相等，这个和数应该是一个常数，要先把这个常数求出。"

"我会求这个常数。"爱数王子跃跃欲试，"3个横行里的棋子数应该等于1+2+3+4+5+6+7+8+9，我把它们加一下。1加2等于3，3加4等于7，7加5。"

爱数王子刚做完这几步，被杜鲁克拦住了："这样一个一个加太费事了。可以这样做：

$$1+2+3+4+5+6+7+8+9$$
$$=（1+9）+（2+8）+（3+7）+（4+6）+5$$
$$=10+10+10+10+5=45$$

这种方法叫'凑十法'，省事儿。"

"45除以3等于15，这个常数等于15，对不对？"

"对、对，就是15。"

"这1到9九个数如何往3×3格子里填呢？"

"我看正中间这个格子最重要，它是中心，不管横着、竖着还是斜着，都要用到它，所以应该先把正中间的格子填上数。"

"我看填1最合适。"说完爱数王子拿起1个棋子，放进乌龟背上3×3格子正中间的格子。

爱数王子刚放下棋子，大乌龟突然脖子一伸，转过头来，一口咬住了他的右臂。

"啊——"爱数王子疼得大叫一声。杜鲁克大吃一惊，一个箭步跳到大乌龟的背上，想把爱数王子的胳膊

拉出来，可大乌龟咬得死死的，怎么也拉不出来，反而把爱数王子疼得龇牙咧嘴的。

"哈哈！"胖老道在一旁兴灾乐祸，"谁都知道，乌龟咬人是从不松口的，你越往外拉，它咬得越紧，直到把胳膊咬下来。"

"这可怎么办？"

"办法只有一个，就是把乌龟背上的棋子放对。爱数王子在正中间格子里放1颗棋子，显然是不对的。"

"那应该放几哪？"杜鲁克急得直拍脑门儿，"每次都是三个数相加，而和是15。嗯——有了！正中间的数填5最合适，两边的数用凑十法就容易找了。"

想到这儿，杜鲁克飞快地拿起4颗棋子，放进正中间的格子里。说也奇怪，棋子刚刚放好，大乌龟就把嘴张开了，爱数王子飞快地把胳膊抽了出来。

杜鲁克趁热打铁，把其余的棋子都放了进去：

爱数王子又赶紧验算了一下：

横：$4+9+2=3+5+7=8+1+6=15$；

竖：$4+3+8=9+5+1=2+7+6=15$；

斜：$4+5+6=2+5+8=15$

"没错！我们可以走了吧？"爱数王子和杜鲁克正要抬脚，只听到一个尖细刺耳的声音说道："慢走！"

两人扭头一看，是门右边的瘦老道在说话。呀！这个老道也是真人假扮的。

爱数王子说："九宫图我们填完了，还要干什么？"

瘦老道也不答话，冲胖老道一努嘴："搭把手。"两人把大乌龟抬起翻转了180°，这时大乌龟四脚朝天，露出了白色的肚皮，只见肚皮上同样也画着一张3×3的方格图。

瘦老道奸笑着说："刚才你们填出的九宫图，是正九宫图，特点是每行、每列、对角线上的三个数相加都相等，等于15。但这还不是真本事。现在要求你们在大乌龟的肚子上填一个'反九宫图'。它的特点是每行、每列、对角线上的三个数相加都不相等。如果你们能填出来，就放你们走！"

爱数王子听了倒吸一口凉气："全不相等？这可太难

了，可怎么填哪？"

瘦老道眉头一皱："填不上来？那你们俩也就别想出去了，和大乌龟待在这儿吧。不过俗话说'千年王八万年龟'，你们俩可熬不过它。"

他对胖老道一招手："道兄，我们去休息吧！"两个老道走到一面墙前，也不知怎么弄的，只听"呼啦"一声，墙上出现了一个门，两人推门出去了。

爱数王子赶紧跑过去一看，根本就没有门啊，奇怪了，那他们是怎么出去的呢？

爱数王子叹了一口气："唉，咱们只能来填一填这个反九宫图了。"

杜鲁克说："我也没见过这个图，咱们先各自画一画，找找规律。"

"也好。"两人各自算了起来。

爱数王子坐在地上看着方格图，看了半天，毫无头绪，急得抓耳挠腮。

杜鲁克呢，则一言不发，围在方格图边不停的转圈儿，顺时针转完，再逆时针转。

爱数王子说："正九宫图是有规律的，它的横、竖、斜3个格子里的棋子数相加，都等于15。反九宫图要求相加后都不相等，没有什么规律啊！"

"不。"杜鲁克摇头说，"都不相等，也是一种规律啊！不过它和正九宫图直着相加不同。"

"照你说的，不直着相加，难道还要转圈相加？"

"说对了！你没看见我正围着方格图不停转圈儿吗，顺时针转完，再逆时针转。我正是在找规律呢。"

"找到了没有？"

"有点头绪了！你看我这样填行不行？"杜鲁克往格子里摆棋子。

1	2	3
8	9	4
7	6	5

从左上角开始，把从1到9顺时针填，你算算看符合要求吗？"

"好的。"爱数王子开始计算：

横着加：$1+2+3=6$，$8+9+4=21$，$7+6+5=18$；

竖着加：$1+8+7=16$，$2+9+6=17$，$3+4+5=12$；

对角线方向相加：$1+9+5=15$，$3+9+7=19$。

"嘿！真是都不相等！"爱数王子大声叫道，"老道们，快出来！反九宫图填出来了！快放我们走！"

爱数王子叫了好几声，也无人回答。他急得照着墙壁"咚、咚、咚"连踹三脚。这时听得"吱——"一声，墙上开了一扇小门。

门里有人咳嗽了一声，接着慢吞吞走出来一个小老道，个头比刚才那位瘦老道还小，但是穿戴可不一般：头戴金色道冠，身披金色道袍，后背一柄宝剑，留着长长的白胡须。他单掌竖在胸前，表示行礼，口念："无量天尊！"

杜鲁克说："这位道长，我们把正反两张九宫图都填出来了，该放我们走了吧？"

"嘻嘻嘻。"小老道干笑了几声。

杜鲁克听了一惊，这声音怎么这样熟悉？

小老道笑着说："二位来了就走，也不多待一会儿吗？我看你们都很厉害，不如一起来玩玩数学吧。"

杜鲁克心想，看你又要捣什么鬼吧！我是兵来将挡，水来土掩！于是答道："好啊！我们愿意奉陪。你说玩什么吧！"

和乌龟赛跑

小老道说："你们和乌龟比试一下跑步吧！"

"哈哈！"爱数王子笑着说，"谁不知道乌龟爬得慢？和它比跑步，乌龟准输！"

小老道摇摇头："不一定吧？你就跑不过乌龟。"

"比就比一次，等我战胜了乌龟，再找你这个小老道算账！"爱数王子站到了大乌龟的旁边，"开始吧！"

小老道哈哈一笑："我不是让你们真跑，再说屋子这么小，也跑不开呀！"

"那你说怎么办？"

"在这儿比画比画就能出结果。"

"好，那就比画比画吧！"

小老道让爱数王子站在乌龟身后大概9米的地方："按理说，你应该比乌龟跑得快，假设乌龟的速度是1米/秒，你的速度是乌龟的10倍，就是10米/秒。所以你就让乌龟9米的距离。把乌龟现在的位置记作B，你现在的位置记作A。"说着小老道在地上画了一张图：

```
A        B      C  D
```

小老道边画边说：“当我喊‘开始！’时，你和乌龟同时起跑，你从 A 点跑到了乌龟所在的 B 点，距离 AB＝9 米，用时＝0.9 秒。明白吗？”

爱数王子点点头：“明白。”

小老道接着说：“同时乌龟也没闲着，它在这 0.9 秒的时间里往前爬了 BC＝0.9 米，到了 C 点；你也必须追到 C 点，所用的时间＝0.09 秒；同样道理，在你从 B 点追到 C 点时，乌龟又往前爬行了 CD＝0.09 米，到了 D 点，而你要用 0.009 秒，从 C 点追到 D 点。就这样乌龟在前面跑，你在后面追，虽然说你与乌龟的距离越来越近，但你必须先追到乌龟刚刚离开的点，所以不管怎样追，你永远在乌龟的后面，也就是永远追不上乌龟。”

爱数王子摸摸后脑勺：“我堂堂爱数王国的王子，竟然追不上一只乌龟，这怎么可能呢？可是这个小老道说得也有理呀！由于我在乌龟的后面，每次我必须先跑到它刚刚所在的位置，因此尽管我离乌龟越来越近，可是永远也别想追上乌龟！”

小老道一阵冷笑：“爱数王子认输了吧？”

　　爱数王子急得在原地转了三个圈儿："按照这样的算法，我应该是赶不上乌龟。可在现实中我两步就能超过它啊！这是怎么回事呢？"无奈之中，爱数王子看了看杜鲁克，希望他能解决这个问题。

　　杜鲁克正一言不发，蹲在地上紧张地计算。突然他蹦了起来，大喊一声："我明白了！"把小老道吓了一跳。

　　杜鲁克问小老道："无限循环小数 0.9999… 等于多少？"

"等于1呀！"看来小老道的数学还真不错，张口就答出来了。

杜鲁克边说边在地上写："爱数王子就这样一段一段往前追，所用的总时间T和总距离S分别是：

$$T = 0.9 + 0.09 + 0.009 + \cdots\cdots = 0.999\cdots\cdots(\text{秒});$$
$$S = 9 + 0.9 + 0.09 + \cdots\cdots = 9.99\cdots\cdots(\text{米});$$
$$\text{因为} T = 0.999\cdots\cdots = 1,$$
$$S = 9.99\cdots\cdots = 10 \times (0.9 + 0.09 + 0.009 + \cdots\cdots)$$
$$= 10 \times 1 = 10(\text{米})。$$

计算表明：爱数王子只用了1秒钟，跑了10米就能追上乌龟！"

"好！"爱数王子高兴地跳了起来，"是无限循环小数0.999……救了我！我们把问题都解决了，该放我们出去了吧！"

"进了死亡数学馆，还想活着出去？做梦！你也不看看我是谁？"小老道说着把道袍一脱，道冠一扔，露出了本来面目，原来正是鬼算国王！

鬼算国王掏出一面阴阳八卦小旗向上摇了摇，叫道："天门开，天门开，我的弟子快进来！"

"哗"的一声，东边墙上开了一扇门，一群小老道手拿各式武器，在一个瘦老道的带领下杀了进来。

鬼算国王又把手中的小旗向下摆了摆，喊道："地门开，地门开，乌龟、王八快进来！"

"哗"的一声，西边的墙上也开了一个洞，一群乌龟、王八由一个胖和尚率领蜂拥而入。

正在紧要关头，鬼算国王突然面露难色："我还有急事，你们要认清敌我，把敌人消灭掉！"说完就匆匆离去。

此时带队的瘦老道愣住了，因为他既不认识爱数王子和杜鲁克，也不认识胖和尚，谁是我的敌人？鬼算国王叫我消灭谁呀？

同样，胖和尚也不认识爱数王子和杜鲁克，更不认识瘦老道。他也傻呆呆地站在那儿，不知如何是好。

杜鲁克看此光景，心中一喜，小声对爱数王子说："看来他们之间互不相识，鬼算国王又让他们认清敌我，这其中一定有一个联系暗号。上次鬼算国王带兵攻打爱数王国时，我就用过一对暗号，让鬼算国王吃了大亏。"

爱数王子也小声说："我想起来了，是你提出来的一对'相亲数'220和284。你还给大家讲过，220所有的因数（除了自己）相加恰好等于284，反之，284所有的因数（除了自己）相加恰好等于220，这两个数是你中有我，我中有你，相亲相爱永不分离。"

杜鲁克笑着点了点头："王子好记性，一点也不错。当时我用它作暗号，让鬼算王国吃了亏，我想鬼算王国里的人还会记得这个暗号，我来试试。"

杜鲁克先面冲东，对着小老道方向说了声："220！"

瘦老道一愣，想了想回答："284！"

杜鲁克接着说："我们是朋友！"

瘦老道点点头："没错，我们是朋友！"

杜鲁克转身180°，对西边的胖和尚说："220！"

胖和尚愣了半天，杜鲁克又说了一边，他才勉强答道："250！"

杜鲁克喊道："你大声点，我听不见！"

胖和尚大声叫道："250！是250！"

瘦老道听到这个回答，立刻双眉倒竖，用剑向前一指："胖和尚是我们的敌人！徒弟们跟我冲啊！"

"冲啊！"小老道们举着手中的武器，冲了过来。可这群乌龟、王八也不是吃白饭的，它们经过鬼算国王精心驯养多年，有很强的攻击性。它们张开大嘴，狠命咬住小老道身上的某一个部位不放嘴，疼得小老道哭爹喊娘，叫声一片。

杜鲁克一看时机已到，赶紧拉起爱数王子："此时不走，更待何时？"从西门跑了出去。

少年禁卫军

杜鲁克和爱数王子刚跑出西门，就听到一声大喊："杜鲁克你哪里走！"鬼算王子从天而降，挡住了去路。

鬼算王子冷笑了一声："死亡谷开谷以来，还没有一个陌生人进来能活着出去的。今天两位既然闯进死亡谷，就别想活着出去！"鬼算王子大喊一声："少年禁卫军！"

"到！"从四面八方跳出一群身穿统一军服、手拿武器的少年。

"第一战队上！"鬼算王子命令。

"是！"几个少年围了上来，他们一律拿着长武器，有长枪、大刀、长棍、狼牙棒，从几个方向发起进攻。

爱数王子抽出宝剑，杜鲁克亮出双节棍，双方战在了一起。别看少年禁卫军人多，可是武艺不精。杜鲁克拿着双节棍一通乱抢，也能勉强应付过去。而爱数王子武艺高强，手中一柄长剑舞起来剑光闪闪，呼呼带风，杀得几名少年禁卫军连连后退。

一个年纪很小的禁卫军，看起来也就十岁的样子，趁杜鲁克不备，照着他的屁股狠狠地打了一棍子。

杜鲁克"哎哟"一声，捂着屁股跳起来了老高。他想用双节棍还击，无奈双节棍太短，够不着这个小禁卫军。

爱数王子实在太厉害了，第一战队的几个少年禁卫军抵挡不住了。

鬼算王子大叫一声："第一战队下，第二战队上！"

"得令！"另几个少年禁卫军冲了上来，他们手拿短兵器，有刀、剑、双锤、虎头双钩。杜鲁克这次心里有底了，知道他们的武艺实在一般，现在又拿的是短兵器，更不怕他们了。他抡起双节棍，冲了上去。他一眼看见这里面也有一个小禁卫军，长得和刚才偷袭他屁股的小禁卫军非常像。杜鲁克心想，这次我要报仇！

这个小禁卫军手里拿着一把小刀，杜鲁克抡着双节棍像雨点似的砸了下去，杀得小禁卫军连连后退。

杜鲁克有心逗他玩玩，嘴里喊着："看脑袋！"小禁卫军急忙举刀相迎。实际上，杜鲁克说打脑袋是假，打屁股是真，只听"哎呦"一声，小禁卫军屁股上结结实实挨了一棍子。

杜鲁克又喊："看屁股！"小禁卫军刚把刀拉下来，准备阻挡，又听到"啪"的一声，脑袋上却挨了一棍，立刻起了一个大包。"哇——"小禁卫军捂着脑袋大声哭了起来。

杜鲁克把双节棍向上一举，大声叫道："停——"

鬼算王子说："打得好好的，为什么要停下来？"

杜鲁克说："你弄来这许多乳毛未干、奶毛未退的小孩子干什么？挨两下打，就哭得鼻涕、眼泪到处流。你说说，这些禁卫军共有多少人？"

鬼算王子想了想："有$\frac{1}{3}$小于12岁，有$\frac{1}{2}$小于13岁，

并有6个小于11岁，11岁到12岁之间的与12岁到13岁之间的人数相等。你杜鲁克不是很会算吗？自己算去！"

杜鲁克略一思索："设禁卫军共有x人，小于12岁的有$\frac{1}{3}x$人，小于13岁的有$\frac{1}{2}x$人。

12岁到13岁之间的人数是

11岁到12岁之间的人数是

二者相等，有

算出来了，一共有36名禁卫军。其中小于12岁的有12人，小于11岁的就有6人，确实够小的！"

鬼算王子撇着嘴说："自古英雄出少年，人小能耐大呀！"

爱数王子暗笑道："刚才我们过了招，他们的功夫实在不怎么样！"

"不怎么样？"鬼算王子梗着脖子说，"他们是没把真本领亮出来！"

"噢！"爱数王子忙说，"那快让我们见识见识！"

鬼算王子拿出一面小黄旗，在空中一抖，命令道："排6×6方阵！"

"是！"36名禁卫军立刻排好6×6方阵。

"练太极八卦夺命操！"鬼算王子一声令下，禁卫军开始抢起武器，动作整齐划一，既像武术，又像舞蹈。

"好！"杜鲁克大声喝彩。

爱数王子在一旁却连连摇头："好什么呀？经看不经打！"

鬼算王子又把黄旗连摇两下，喊了一声："变！"禁卫军放下手中的武器，脱去军装，上身赤膊，下身只穿了一条灯笼裤，变成了36个光头小和尚。

杜鲁克看得高兴："哈，好玩！"

鬼算王子把黄旗向上一举："练少林金刚童子拳！"

"是！"36个小和尚拉开了架势，一招一式练了起来，每练一式，就齐声喊"嗨！"也煞是好看。

"啪啪啪！"杜鲁克又鼓起了掌。

鬼算王子把手中的黄旗又摇动两下，大喊："变！"36个小和尚脱下灯笼裤，杜鲁克大惊："怎么，要光屁股吗？"

还好，每人里面还穿了一条大裤衩，鬼算王子大喊："练拍腚操！"

"是！"36名小和尚开始拍附近和尚的屁股，只听到"啪、啪、啪"，声音整齐划一。

"停！"爱数王子实在看不下去了，"鬼算王子，你们这练的都是什么武功啊？怎么还拍屁股？"

鬼算王子得意地说："这你就不明白了。这是我发明的独门绝活！"

"两军交战，真刀真枪，怎么可能穿着裤衩打呢？"

"这你就不懂了，交战一开始，双方手里都有武器，打着打着，武器打丢了；开始肉搏战，赤手空拳，连拉带撕，衣服也都扯烂了；打到最后能剩条裤衩就不错了，穿着裤衩怎样打仗也需要平时练习。拍腚操就是这样发明的。"说到高兴处，鬼算王子手舞足蹈。

杜鲁克小声对爱数王子说："趁鬼算王子不注意，咱们溜吧！"爱数王子点点头，两人转身就跑。

鬼算王子一看不好，立刻命令"快追！"

这群小和尚操起武器，追了上来，不一会儿小和尚就离他俩很近了。

爱数王子一咬牙，说："咱们和他们拼啦！"

杜鲁克摇摇头："别着急，看我的！"说完他跳到一个高岗上，指着远方叫道："你看，前面来了一群尼姑！"

这群仅穿裤衩的小和尚听说前面有尼姑，立刻掉头往回跑。鬼算王子开始还想阻止他们，可是控制不住，反而被众小和尚裹挟着跑出去老远。

好不容易停了下来，鬼算王子着急了："哪儿来的尼姑？咱们死亡谷里从来就没有尼姑，你们都上了杜鲁克的当了！你们耽误了军机，我要重重处罚！"

鬼算王子怒气冲冲地命令："你们两人一组，每人打对方一百板子，要用力打，屁股不红、不肿不算数！开始！"

一时间只听到"噼里啪啦"的拍打声和"疼死我啦！"的喊叫声。

鬼算王子回头再找爱数王子和杜鲁克，他们早就跑得没影儿了！

献花战神庙

　　爱数王子和杜鲁克一路狂奔，估摸着鬼算王子追不上了，才停了下来。

　　这时突然听到前面一阵哭声，两人立刻紧张起来。爱数王子使了个眼色，两人爬上一棵大树，躲了起来。

　　只见一个小和尚推着一辆装满了玫瑰花的独轮车，边走边哭，嘴里还不停地念叨着："让我把这些玫瑰花分成5份，我哪里会分呀？分不出来就要打屁股，呜——"

　　爱数王子"嗖"的一下，跳到了小和尚面前。小和尚飞快地从玫瑰花下面抽出一把刀，大喊："什么人敢来抢花？"

　　爱数王子忙解释："我不是来抢花的。我见你一路哭泣，想知道谁欺负你了，要不要帮忙？""谁也帮不了我。"小和尚用袖子擦了一下鼻涕，"鬼算国王在惩罚我。"

　　"为什么呀？"

　　"我本来是鬼算国王的一名贴身侍从，昨天一不小

心把国王的青花瓷盖碗给摔碎了。这个盖碗可是鬼算国王的心爱之物，国王大怒，要惩罚我。"

"他怎样惩罚你？"

"国王听说禁卫军围住了爱数王子和杜鲁克，很快就要把他俩活捉了，非常高兴，派我去皇家花园里采集一定数量的玫瑰花，并把这些玫瑰花送往'战神庙'，分别送给5位战神。让战神帮助禁卫军胜利归来！"

爱数王子说："给战神献几支玫瑰花，这不是好事嘛！"

小和尚给了爱数王子一个白眼："真是坐着说话不腰

疼！国王没说让我采多少支玫瑰花，也不知道给每位战神献多少支花，你让我怎么办呀？"

杜鲁克看到这里，知道没有危险，也跳下树来说："不可能什么条件也没给啊，否则这活儿谁也没法干！"

"我想起来了，鬼算国王给了我一张纸条，我还没来得及看哪！"小和尚把纸条递给了杜鲁克。

杜鲁克接过纸条，只见上面写着："你准备好若干支玫瑰花，把这些玫瑰花的一半少20支献给第一位战神关羽，关云长；把剩下的一半少16支献给第二位战神赵云，赵子龙；再把剩下的一半少8支献给第三位战神武松，武二郎；再把剩下的一半多12支献给第四位战神孙悟空，孙猴子。"

看到这儿，杜鲁克"扑哧"一声笑了出来："这是谁评出来的战神啊？天上一个，地下一个；三国一个，宋朝一个。都不着边际！"

小和尚催促："你接着往下念，精彩的还在后面哪！"

"把最后剩下的6支玫瑰花，献给声望最高的第五位战神——鬼算国王。"念到这儿，杜鲁克赶紧捂住了嘴。

小和尚忙问："怎么了？"

杜鲁克摇摇头说："鬼算国王成了声望最高的战神？

我要不捂着嘴，就要吐出来了！在和爱数王国的战争中，他屡战屡败，还好意思自称战神？真是一张纸上只画了一个鼻子。"

小和尚不解："什么意思？"

"不要脸啦！"

爱数王子在一旁哈哈大笑。

小和尚可没乐，他皱着眉头说："我必须搞清楚给每位战神献多少支玫瑰花，总共需要多少支玫瑰花啊。你们能帮我算算吗？"

杜鲁克说："算算没问题，但是必须告诉我们该如何走出死亡谷？"

"没问题，我对这里的路很熟。"

"好！那我告诉你，这道题的特点是，已知把最后剩下的6支玫瑰花，献给声望最高的第五位战神——鬼算国王。咱们就从最后一步，一步一步往前推算吧！"杜鲁克边说边在地上写："6+12应该是什么呢？应该是献给第三位战神武松之后，剩下玫瑰花的一半。剩下的玫瑰花就应该是（6+12）×2=18×2=36。按照这种方法往前推：献给第二位战神赵云，剩下的玫瑰花是（36-8）×2=56；献给第一位战神关公，剩下的玫瑰花是（56-16）×2=80；最开始的玫瑰花有（80-20）×2=120支。"

小和尚高兴地说："往下我也会算了：

小和尚按这5个数把花分成5份后，又把车上多余的玫瑰花送给了杜鲁克和爱数王子。

爱数王子说："你快告诉我们怎么走出死亡谷啊。"

"出死亡谷也要经过'战神庙'，你们跟我走吧！"小和尚推起小车在前面带路。

绕过两个小山丘，只见前面半山腰上竖立着一座小庙，就是"战神庙"。

杜鲁克和爱数王子跟着小和尚走了进去。正面的高台上立着五尊塑像，正中间是关公，只见他身穿金盔金甲，脸色赤红，留有五绺长须，手持一口青龙偃月刀。他左边是赵云和孙悟空，右边是武松和鬼算国王。

小和尚把玫瑰花按刚才分的数量，给每位战神献上。献花完毕，小和尚跪下来对塑像磕头。

小和尚磕完头，站起来对爱数王子和杜鲁克说："该你们俩磕头啦！"

"磕头？"爱数王子笑了笑，"笑话！让我俩给鬼算国王磕头？想得美！咱们走。"

刚转身想出去，只听高台上的关公塑像大喝一声："不磕头就想走？拿命来！"说着从高台上跳了下来，抢起青龙偃月刀"呼"的一声就砍了过来，两人赶紧跳开。

杜鲁克大吃一惊："怎么，关公活了？"

没等爱数王子讲话，关公的大刀又劈了过来。

爱数王子喊了一声："还击！"抽出宝剑就迎了上去，杜鲁克也抖开双节棍，胡抢了起来。爱数王子的武艺十分了得，舞出剑花朵朵，杀得关公左挡右躲，步步后退。

没过几招，关公只顾对付爱数王子，忘了旁边还有杜鲁克，只听"当啷"一声，关公的头盔被杜鲁克的双节棍给打了下来，只见头盔像个足球一样，"咕噜咕噜"在地上乱滚。关公吓得捂着脑袋"噔噔噔"倒退了好几步。

杜鲁克在一旁哈哈大笑："哈！这天下第一战神，万军之中取上将首级如探囊取物一般的关公关老爷，脑袋差一点被我这个不会武艺的给打下来，真是天下头号新闻哪！"关公自知不是对手，扔下青龙偃月刀，转身就跑了。

鬼算国王生气了，骂了一声"没用的家伙！"一挥手说："都给我上！"赵云手使银枪、武松手使铁棍、孙悟空手使金箍棒从台上一起跳了下来，围着爱数王子和杜鲁克就打。

"我斗孙猴子！"杜鲁克抢起双节棍直奔孙悟空打去。

孙悟空举金箍棒相迎，两人"乒乒乓乓"打在了一起。这时小和尚手执宝剑也杀了上来。

杜鲁克对爱数王子说："咱们上了小和尚的当了，落进了鬼算国王的陷阱！"

鬼算国王一阵冷笑："现在发现已经晚了，你们的死期到了。徒儿们，杀死一个立功，杀死两个发奖！我也帮你们一把。"说完抢起鬼头大刀，劈头盖脸地朝爱数王子砍了下去。爱数王子举剑相迎，只听"当"的一声，火星四溅。

鬼算国王的武艺相当了得，他一上手，爱数王子就有点应接不暇了。杜鲁克独自对付假孙悟空和小和尚，也是渐渐不支，情况十分危急。

这时一名鬼算王国的士兵急匆匆跑进来说："报告国王，大事不好！"

鬼算国王跳出圈外，问："何事惊慌？"

士兵附在鬼算国王的耳边小声嘀咕了几句。鬼算国王听了，大惊失色："各位战神撤出战斗，快跟我走！"

再看爱数王子和杜鲁克，已经累得直喘粗气。杜鲁克说："如果再打一刻钟，咱们的小命就玩完了。"

爱数王子说："鬼算王国出什么事了，竟然连我们俩都顾不上了？"

杜鲁克推测说："准是出大事啦！"

一场大战

出什么事啦？

原来爱数王国的胖团长带领士兵在死亡谷前叫阵，让交出爱数王子和杜鲁克，如果不交，就要荡平死亡谷。

死亡谷是进出鬼算王国的咽喉要地，地形复杂，易守难攻，此处如果失守，敌人就可以顺着大路直达鬼算国王的王宫所在地，鬼算国王明白这里面的利害关系，所以他忍痛放弃活捉爱数王子和杜鲁克的机会，下令让鬼司令带领部队火速赶来。

在死亡谷前，鬼算国王和胖团长会面了。

鬼算国王抢先发问："你带重兵进犯我国，意欲何为？"

胖团长毫不相让："你把爱数王子和杜鲁克困在死亡谷里，居心何在？"

鬼算国王冷笑着说："是他们偷偷摸摸溜了进来，想刺探我死亡谷里的机密。可是进来容易，出去难！"

胖团长大怒："好个鬼算国王，如此不讲道理，我要冲进去，把你的死亡谷踏为平地！"

鬼算国王嘿嘿一阵冷笑："你带来多少士兵，敢夸下这样的海口？"

胖团长大嘴一撇："谁不知道我胖团长手下兵多将广，拿下一个小小的死亡谷，又算得了什么？"

"你那点家底，别人不知道的你还可蒙骗过去，我可是清楚得很。"鬼算国王胸有成竹，"你胖团长手下有3个团：一团有240名士兵，二团有460名士兵，三团有434名士兵，合起来是1134名士兵。对不对？"

胖团长大吃一惊："啊！你对我团的兵力分布如此清楚？"

"嘿嘿，这就叫'知己知彼，百战百胜'。你这一千多人都带来了吗？"

"哈哈！"胖团长仰天长笑，"攻打一个小小的死亡谷还用带这么多人？我随便带几个就足矣！"

胖团长转念一想，鬼算国王总是刺探我的军情，这次我也要问问他："那你带来多少士兵哪？"

"这不保密，听好了：我带来的士兵数是一个三位数，三位数的各位数字都相同。把这个士兵数从左往右数，每后一位数都比前一位数增加2，所得的新数各位上的数字之和是21。胖团长，你们爱数王国的军官数学都很好，应该能算出这个士兵数吧？"鬼算国王一副幸灾乐祸的样子。

胖团长打仗异常勇敢，就是数学不好，根本不入门啊！一听说要做数学题，首先是出一脑瓜子汗，憋得满脸通红，最后还是做不出来，受到爱数王子的批评。

不过挨批评的次数多了，胖团长也动脑筋了。不过他不是自己动脑筋好好学数学，而是从团里找了一个数学挺好的小兵当勤务兵，遇到数学问题就让勤务兵替他做。

胖团长冲身边的勤务兵努了努嘴，小兵心领神会，蹲在地上算了起来，过了一会儿，勤务兵站起来报告："鬼算国王带来555名士兵。"

胖团长得意地说："鬼算国王，人数对不对？"

"呀——"鬼算国王倒吸了一口凉气："后生可畏啊！能说说具体的算法吗？"

"可以。"由于勤务兵经常给胖团长算题，这种场面见多了，一点也不怵，大大方方地讲了起来："把这个士兵数从左往右每后一位数都比前一位增加2，得到一个新数，这个新数各位上的数字之和是21。这时新数比原来的数增加了多少呢？增加了 $2+(2+2)=6$，那么原来的数各位数字之和就应该是 $21-6=15$。又由于各位数字都相同，每一位数字必然是 $15 \div 3 = 5$，整个数就是 555 了。"

"不错。"鬼算国王点点头，"那请问胖团长，你带来了多少士兵呀？"

胖团长想，鬼算国王刚才没有直接回答我，我也不能直接告诉他我带来的士兵数，也出道题难为难为他！可胖团长转念一想，我自己都没做过什么难题，哪会出难题考他呢？

"有了！"胖团长灵机一动，"一团我带来了三分之一，二团我带来了一半，三团带来的最少，只带来七分之一。你算算我总共带来多少士兵？"

"哈哈！"鬼算国王一阵冷笑，"胖团长太高看我了，出了一道小学低年级的题目考我，让我做这么简单的分数题，我还真有点不好意思。"

"你少吹牛，做对了才算数！"

"一团240人，240人的三分之一就是 $240 \times \dfrac{1}{3} = 80$ 人；二团460人，460人的一半就是 $460 \times \dfrac{1}{2} = 230$ 人；三团有434人，434的七分之一就是 $434 \times \dfrac{1}{7} = 62$ 人。总共有 $80 + 230 + 62 = 372$ 人。没错吧？"

"错了！"

鬼算国王听说不对，大吃一惊："这么简单的题目，我做错了?! 不可能呀! 我再检查一遍。"鬼算国王把这个问题从头到尾仔仔细细地又检查了一遍:"没错呀! 这么简单的问题,我怎么可能做错呢?"

胖团长胸有成竹地说:"不信咱们打赌! 你来清点我的士兵人数。"

"好,打赌就打赌。如果是372人,你立刻带人回爱数王国。"

"如果不是372人,你必须减少你的士兵数,变成372人。"

鬼算国王双手一拍:"好,就这么定了。君子一言,驷马难追,咱们谁也不许反悔!"

"反悔的是小狗!"

"小狗就小狗。你们快把队伍排好,以便我数人数。"

"好的。"胖团长把右手向上一举,"所有士兵听我口令:50人一横行,排成战斗队形!"

"是!"士兵整齐、洪亮地答应了一声,很快排好了长方形的队伍。

鬼算国王看到胖团长的士兵训练有素,不由得点了点头。他开始清点人数:"一排有50人,这里有7个整排,即 $50 \times 7 = 350$ 人。最后的一行有22人,合在一起是 $350 + 22 = 372$ 人,看! 不多不少正好是372人,胖团长,请带着你的士兵回去吧！"

"怎么？真的是372人！数错了吧？"

"不可能数错了。不信，我再数一遍。"

"好，你再数一遍。"

趁鬼算国王数士兵人数的时候，胖团长换上一套士兵的服装，站到了士兵当中。鬼算国王数完，发现士兵数果然变成了373，多出来一个。

鬼算国王正纳闷，鬼司令小声告诉他，胖团长玩的猫腻。

鬼算国王大步走到胖团长的面前："胖团长就别假装士兵了，请出来吧！"

胖团长摇摇头说："我不出去。我虽然身为团长，但我也是士兵的一员，计算士兵数怎么能不算我呢？"

鬼算国王十分生气："在我们鬼算王国，官就是官，兵就是兵，官兵是不能混为一谈的。"

"在我们爱数王国是一视同仁的，官也是兵的一员。按照我们爱数王国的计算方法，我们一共来了373人。你数错了，应该把士兵的人数减少到373人。"

"好，好，我把士兵数减少到和你们一样。"鬼算国王下令，"士兵听令，士兵人数减去182人。"

鬼算国王的士兵中立即跑出182人，在一名士兵带领下，就要快步撤走。

"慢！"胖团长突然举手拦住："555－182＝373，这373人中有鬼司令，可是按照你们鬼算王国的规矩，鬼司令是官而不是兵，他不应该算在士兵数之中，你应该再多减1个士兵才对。"

胖团长的一番话，把鬼算国王气得浑身哆嗦："没想到堂堂的一位团长，如此计较。好、好，我再撤走一名士兵。"

双方兵力相当，一场大战即将开始。胖团长对鬼算国王说："我要去趟厕所，马上就回来。"

"真是懒驴上磨屎尿多！"鬼算国王小声骂道。

胖团长迅速钻进树林中，把右手的食指和中指捏在一起，放入口中，"吱——吱——"吹了两声口哨。这是和黑白雄鹰预先约定好的联络暗号。听到口哨声，两只雄鹰相继飞了过来。胖团长掏出纸和笔，写了两行字，递给黑色雄鹰，又用手摸了摸自己的下巴。黑色雄鹰叼起信，迅速升空，直朝爱数王国飞去。

胖团长回来之后，手中的宽背大砍刀向上一举，大喊："为了解救咱们的爱数王子、杜鲁克参谋长，冲啊！"带头杀了上去。

爱数王国的士兵不敢怠慢，也纷纷举起手中的武器，呐喊着冲了上去。

双方士兵奋勇作战，只见战场上刀光剑影，喊杀声震耳欲聋。足足打了有一顿饭的功夫。

正在这时，鬼算国王把鬼头大刀向上一举，大喊："我的预备队在哪里？"

"我们在这里！"原来鬼算国王撤走的183名士兵并没有走远，就藏在附近的林子里作为预备队。听到命令，他们立刻杀了出来。

原来双方兵力相当，可以打个平手。现在鬼算国王这边突然增加了183名士兵，双方的实力立刻不平衡了，鬼算国王占了上风。鬼算国王的士兵仗着人数多，渐渐取得了优势，把爱数王国的士兵逼得步步后退，情况十分危急。

正在这危险时刻，突然有人高喊："胖团长别着急，我来了！"大家寻声望去，只见爱数王国的五八司令官带领一队人马杀了过来。

胖团长喜出望外："援兵终于来了。"他高喊："司令官带来多少援兵？"

五八司令官回答："一个不多，一个不少，正好是372人。"

胖团长一拍大腿："好啊！我的兵力翻了一番！"

"唉，我有一个问题。"五八司令官骑马近前，问道，"为什么黑色雄鹰叼着你的求援信直接交给了唯一有调动部队权利的七八首相呢？七八首相一分钟也没耽误，立即点好372名士兵，命我带兵火速赶到？"

"兵贵神速，我把求援信交给黑色雄鹰时，特地用手摸了摸下巴。"胖团长示意了一下，"咱们司令部里，七八首相是唯一一个下巴留胡子的人。"

"聪明，聪明！"五八司令官竖起大拇指称赞，"胖团长不白长肉，智慧也长了不少，已经能巧妙地与黑色雄鹰对话了。"

五八司令官到来，爱数王国的士兵统一由五八司令官指挥。

五八司令官对胖团长说："咱们现在的士兵数肯定多于鬼算国王的士兵。此时鬼算国王再调兵已经来不及了，所以现在你带领原有部队从左边进攻；我带领新来的援兵，从右边进攻，咱俩一左一右以钳型攻势，将鬼算国王的士兵包围起来，给他来个'包饺子'。"

"包饺子？"胖团长非常兴奋，"打了半天仗，我早就饿了，咱们吃它一顿包饺子，那可是太美了！"

胖团长对士兵大声说："五八司令官请咱们吃'包饺子'，大家就别客气了，弟兄们，跟我冲啊！"

胖团长手下的士兵高举手中的武器，从左边像潮水一般冲向了鬼算国王的部队。

鬼算国王的士兵纷纷向右边撤退。

五八司令官举起手中的指挥刀，站在高处大喊："包饺子喽！杀呀！"五八司令官带领新来的援兵，从右边杀向鬼算国王的部队。

鬼算国王的士兵被左右夹击，乱了阵脚，成了一盘散沙，鬼算国王的命令也没人听了。

鬼算国王见势不好，带领鬼算王子、鬼司令和几个亲信想趁乱冲出去。没想到爱数王子早有准备，他命令黑白两只雄鹰在高空监视鬼算国王的动向，随时向地面报告他们逃跑的方向。

这一招果然见效，鬼算国王他们无处可逃，鬼算国王骑在马上，突然捂住心脏大叫一声，翻身从马上滚了下来，重重摔在了地上。

鬼算王子赶紧跑过去扶起鬼算国王，只见鬼算国王脸色苍白，嘴唇发紫。

五八司令官也跑了过来，他年长几岁，一看鬼算国王病情十分危急，必须马上送医院抢救。

可生死谷是一个荒野之地，周围哪有医院？大家一时之间都没有了办法。这时，杜鲁克和爱数王子正好赶到，他对鬼算王子说："王子阁下，我有一个主意：我们学校附近有一所大医院，可以让黑色雄鹰驮着鬼算国王，白色雄鹰驮着我，一起飞向这所大医院。病情紧急，希望王子尽快决定。"

大家都说这是一个好主意。但是大家也都明白，杜鲁克和鬼算国王是死对头，让杜鲁克送鬼算国王去医院，鬼算王子能够放心吗？

双方正在僵持，杜鲁克突然伸出右手："鬼算王子，我们的年纪都不大，应该互相信任。你相信我，我一定会把你父亲平安送到医院。"

杜鲁克的真情打动了鬼算王子，他眼含热泪，和杜鲁克紧紧拥抱在一起。

"嘀——嘀——"接连两声长啸，黑白两只雄鹰驮着鬼算国王和杜鲁克相继飞入高空，两旁的军官和士兵高举双手，预祝他们一路平安。

杜鲁克大声说道："你们放心吧！我保证完成任务！"

两只雄鹰越飞越高，越飞越快，两个黑点渐渐消失在碧空当中……

数学奇兵积分卡

数学之旅到此结束，请回顾一下惊险的闯关旅程，看你破解了书中的几道难题，成为几级奇兵了？

题目页码	对应的故事	对应知识点	得分
P19	方向死亡谷	数字的排列	
P32	路遇狮群	公倍数、四则混合运算	
P50	死亡文学馆	数位推理	
P58	世界上最先进的算法	解方程	
P64	算命先生	数位推理	
P79	100号山洞之谜	数字的排列	
P85	醉鬼三兄弟	解方程	
P97	乌龟背上的神图	数字的排列	
P112	少年禁卫军	解方程	
P120	献花战神庙	倒推法	

43 - 50分　　　上将

37 - 42分　　中将

29 - 36分　　　少将

23 - 28分　　大校

16 - 22分　　上尉

7 - 15分　　上士

0 - 6分　　新兵

每册书中得分都为上将的，恭喜你，可以直接晋级为元帅！

无处不在的斐波那契数列

斐波那契数列的发明者，是意大利数学家列昂纳多·斐波那契（Leonardo Fibonacci，公元1170-1250年）。斐波那契于1202年研究兔子产息问题时发现了此数列，故事中也提到了：0, 1, 1, 2, 3, 5, 8, 13, 21, 34, 55, 89, 144……需要特别指出的是：第0项是0，第1项是第一个1。此数列从第2项开始，每一项都等于前两项之和。

数学的各个领域常常奇妙而出乎意料地联系在一起：斐波那契数列是从兔子问题中抽象出来的，如果它在其它方面没有应用，就不会有强大的生命力。事实上，斐波那契数列确实在许多领域中出现。

自然界中，一些植物的花瓣、萼片、果实的数目以及排列的方式上，都是非常符合著名的斐波那契数列的。

斐波那契数与植物花瓣：

3——兰花、百合花、茉莉花

5——蓝花楼斗菜、金凤花、飞燕草、毛茛花

8——翠雀花

13——金盏和玫瑰

21——紫宛

34、55、89——雏菊

我们仔细观察下图可以发现，图1的向日葵花盘中有2组螺旋

线，一组顺时针方向盘绕，另一组则逆时针方向盘绕，并且彼此相嵌。虽然不同的向日葵品种中，这些顺逆螺旋的数目并不固定，但往往不会超出34和55、55和89或者89和144这三组数字，这每组数字都是斐波那契数列中相邻的2个数，很有趣吧！这样排列的目的，是为了让植物最充分地利用阳光和空气，繁育更多的后代。

斐波那契数列在自然里还有许多应用。例如，树木的生长。由于新生的枝条往往需要一段"休息"时间，供自身生长，而后才能萌发新枝。所以，一株树苗在一段间隔，例如一年，以后长出一条新枝；第二年新枝"休息"，老枝依旧萌发；此后，老枝与"休息"过一年的枝同时萌发，当年生的新枝则次年"休息"。这样，一株树木各个年份的枝桠数，便构成斐波那契数列。这个规律，就是生物学上著名的"鲁德维格定律"。

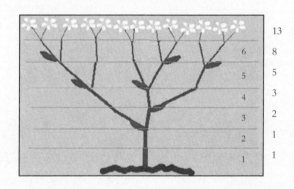

为什么自然界中有如此之多的斐波那契数列巧合呢？这是植物在大自然中长期适应和进化的结果，就像盐的晶体必然是立方体的形状一样。

根据斐波那契数列画出来的螺旋，称为斐波那契螺旋线，也称"黄金螺旋"。

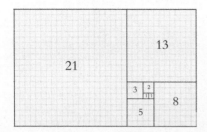 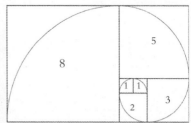

这种形状在自然界中无处不在。该原理和黄金比例紧密相连，你会发现，前一项与后一项之比越来越逼近黄金分割的数值0.6180339887。

自然界中各种各样的斐波那契螺旋

黄金分割率符合审美要求，广泛应用于艺术领域、音乐领域、人体构造及建筑设计等方面。而植物的这种生长方式就决定了其生长角度近似于黄金角度。自然界中也有很多例子，如贝类的螺旋轮廓线、向日葵轮廓、银河等这种天然的"黄金螺旋"。

斐波那契数列与黄金分割在各个领域无所不在，大家可以细心观察。

"爱数王子与鬼算国王" 系列

　　"爱数王子与鬼算国王"系列是李毓佩教授从事数学科普文学创作三十余年来的最新作品。通过奇妙的构思，讲述了数学小子杜鲁克在爱数王国的历险故事，把数学概念、计算方法等知识很自然地穿插进来。不仅普及了数学知识，还普及了数学思想，以及追求数学的精神。

《数学小子杜鲁克》

　　数学小子杜鲁克胆大包天，竟然坐上博物馆的热气球飞上了天！无巧不成书，他坠落时砸在了一位爱数王子身上，王子正遭鬼算国王暗算，杜鲁克选择了正义的一方，和王子并肩作战……

《爱数王国大战鬼算王国》

　　爱数国王重病在身，年轻的爱数王子肩负起了抵抗鬼算王国侵略的重担。杜鲁克也临危受命，以爱数王国参谋长的崭新身份，开始了与鬼算国王父子的又一轮较量。

《猫人部落》

　　野猫山上有一个神秘的猫人部落，部落里的人个个敏捷如猫、武艺超群。于是，鬼算国王亲自拜访，并唆使部落首领喵四郎去进攻爱数王国。鬼算国王企图借他人之力，让两强相争。爱数王子和杜鲁克利用猫的特性，把与猫人部落的对战打得紧张又有趣，让你大呼过瘾！

爱上数学，从李毓佩数学故事开始
李毓佩数学总动员

北京市数学特级教师　　　　张　红　　审订
北京市海淀区数学学科带头人　赵蓬莱　　推荐

　　本系列根据《义务教育数学课程标准（2011 年版）》，从李毓佩数学故事中挑选出适合低年级孩子阅读的内容，涉及数与代数、图形与几何、统计与概率等内容，由北京市数学特级教师张红、北京市海淀区数学学科带头人赵蓬莱撰写"名师小讲堂"，将故事中涉及到的数学知识与课堂数学、生活中的数学联系起来，引导小读者融会贯通，理解"数学原来这么有用"。

本册重点
· 引导孩子发现生活中的几何
· 激发对几何世界的兴趣

本册重点
· 四边形、圆形、三角形的性质及运用

本册重点
· 了解简单的逻辑推理
· 掌握基本的数学运算

本册重点
· 理解简单的四则运算
· 观察并找出数学规律

有趣的故事，激发学习数学的兴趣

　　选取孩子们喜爱的历险、西游记等题材，自然地融入数学知识，幽默有趣。让孩子卸下"这是一本数学故事书"的心理包袱，在感受故事的快乐中潜移默化地培养数学思维。

哪吒智斗红孩儿，及其红孩儿手下的六大健将：云里雾、雾里云、急如火、快如风、兴烘掀、掀烘兴。

名师小讲堂拓展视野，启发思考

综合知识点和实例

哪吒化为三头六臂，六只手分别拿着六件兵器，分别是斩妖剑、砍妖刀、缚妖索、降妖杵、绣球儿、火轮儿。一共有 $1×2×3×4×5×6＝720$ 种不同的拿法。由此"名师小讲堂"引入了生活中的数学：衣服和裤子搭配的学问。

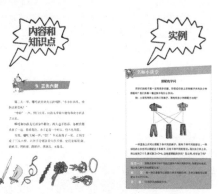

内页选自《哪吒智斗红孩儿》

生动逗趣的插画，化抽象为形象

因为要表现的是抽象的数学内容，所以插画的难度很大。而系列的插画家郑凯军是李毓佩老师钦点的画家，化抽象为形象，完美地展现了李毓佩的数学世界。

插图选自《几何时空历险记》